LA CHIMIE
DES COMPLEXES INORGANIQUES

ADAPTATION FRANÇAISE DE L'OUVRAGE DE

ROBERT SCHWARZ

PROFESSEUR A L'UNIVERSITÉ DE FRIBOURG EN BRISGAU

PAR

ANDRÉ JULIARD

Préface de

MARCEL BOLL

DOCTEUR ÈS SCIENCES

PARIS

DUNOD, ÉDITEUR

47 ET 49, QUAI DES GRANDS-AUGUSTINS (VI^E^)

1922

LA CHIMIE
DES COMPLEXES INORGANIQUES

C

PRÉFACE

Autant que la chimie organique, la chimie minérale s'occupe des complexes, *puisqu'il faut englober sous ce terme tous les composés inorganiques à l'exception de ceux du type acide chlorhydrique, eau, ammoniaque.* Complexes *sont les acides nitrique et sulfurique ;* complexes *les carbonates et les silicates dont est faite la croûte terrestre ;* complexes *les « prussiates », l' « eau céleste », la « liqueur de Fehling » des vieux chimistes ;* complexes *la plupart des composés du chrome, du cobalt et du platine, dont l'étude délicate ne remonte qu'à ces dernières années. Tous les éléments — excepté le fluor, les alcalins, les alcalinoterreux et les terres rares — sont susceptibles de former des composés complexes ; la notion de valence, plus précisément* d'électrovalence, *a été incapable d'embrasser leur description, et* la systématique de Werner *a permis des progrès décisifs dans notre connaissance des éléments de faible électroaffinité, c'est-à-dire de ceux qui, dans la classification de Mendéléïeff, se situent à peu près à égale distance de deux gaz rares consécutifs.*

Au moment où je m'occupais de compléter mon ouvrage sur les lois générales de la chimie et les métalloïdes *par une deuxième partie consacrée aux* métaux, *je n'ai pu qu'encou-*

rager André Juliard à traduire le manuel de Schwarz et j'ai accepté de le guider dans son adaptation. Il nous a paru utile d'alléger les premières pages relatives aux équivalents, aux masses atomiques, à la valence, et en général de rendre l'exposé plus conforme à nos habitudes didactiques.

La plupart des livres français qui traitent des métaux sont muets sur la question des complexes ; d'ailleurs, un ouvrage embrassant toute la chimie minérale ne peut nécessairement leur consacrer que des développements succincts. Il y aura dix ans bientôt, G. Urbain, aujourd'hui membre de l'Institut, et le regretté A. Sénéchal ont écrit en collaboration une Introduction à la Chimie des complexes, *qui est maintenant classique. La lecture de ce remarquable Traité sera grandement facilitée par le petit livre de Schwarz, adapté par Juliard ; et les étudiants, qui ne disposent que d'un temps limité, trouveront ici-même une documentation précise sur une branche de la chimie, dont l'importance devient de jour en jour plus considérable.*

Marcel BOLL.

PREMIÈRE PARTIE

INTRODUCTION

CHAPITRE PREMIER

INSUFFISANCE DE LA THÉORIE DES VALENCES

A l'époque où Kékulé établit la théorie des valences — milieu du xixe siècle, — la valence passait pour une propriété invariable de l'élément.

Les quelques valences exceptionnelles qu'on avait observées, généralement plus faibles que la valence normale, se présentaient le plus souvent dans des composés instables comme l'oxyde de carbone et l'acétylène, et s'expliquaient par l'existence de valences non saturées. Celles qui se manifestaient au sein de composés stables s'éludaient à l'aide de formules appropriées. Ainsi le chlorure ferreux, dans lequel le fer est combiné au chlore dans le rapport de 1 à 2 atomes, alors que partout ailleurs il se comportait comme trivalent, reçut la formule Cl^4Fe^2 dont le développement :

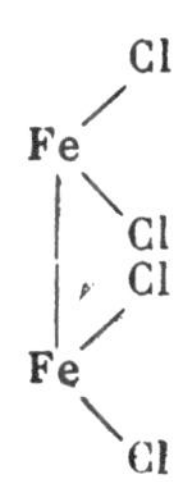

nous montre comment la trivalence du fer fut sauvegardée.

Une valence anormale trop élevée n'avait été observée que pour le phosphore dans le pentachlorure de phosphore. Comme la vapeur de ce composé se dissocie aisément en trichlorure de phosphore qui ramène le phosphore à l'état trivalent, et en chlore, on considéra PCl^5 comme un composé d'addition, formé d'une molécule de PCl^3 et d'une de Cl^2.

De nouvelles recherches vinrent infirmer ces hypothèses. On isola le composé PF^5, analogue au PCl^5, corps qui ne subit point de dissociation en se vaporisant ; des mesures cryoscopiques prouvèrent que le chlorure ferreux n'existe pas, en solution, à l'état bimoléculaire, mais sous la forme monomoléculaire Cl^2Fe.

De plus l'oxygène bivalent venait de se révéler tétravalent dans les composés oxoniums.

Une extension de la notion de valence s'imposait. Sa constance fut abandonnée ; on admit que la capacité de combinaison d'un élément pouvait varier.

L'étude des différents composés d'un même élément montre que sa valence dépend de plusieurs conditions ; entre autres du caractère des éléments auquel il est combiné et de la température. Ainsi, le manganèse est heptavalent vis-à-vis de l'oxygène Mn^2O^7, il n'est que tétravalent avec le chlore Cl^4Mn. Le soufre est bivalent par rapport à l'hydrogène (SH^2), hexavalent par rapport à l'oxygène (à froid) et le fluor (SO^3 et SF^6), tétravalent vis-à-vis de l'oxygène à haute température (SO^2).

La valence d'un élément est donc une grandeur variable. Elle est nettement précisée dans chaque cas particulier par un nombre qui n'est jamais dépassé ; quand cette valence maximum est atteinte, l'élément est incapable de fixer de nouveaux atomes. C'est à ce principe que doit se borner la théorie des valences ; elle deviendrait impuissante si elle érigeait chaque cas particulier en exception.

Une telle théorie est pourtant suffisante pour expliquer les réactions des composés simples formés d'éléments de forte électroaffinité, composés auquels les principaux traités de chimie limitent généralement leur exposé ; elle ne convient plus à la catégorie, non moins importante, des « composés d'ordre supérieur », c'est-à-dire aux composés qui résultent de l'addition de deux ou plusieurs molécules de composés définis, considérés comme saturés selon la théorie des valences, laquelle est incapable d'expliquer les nouvelles forces qui entrent en jeu.

Comme exemples de telles réactions :

$PtCl^4$	$+ 2\,NH^3$	$\longrightarrow PtCl^4.2\,NH^3$	Sels métalliques ammoniés ou ammines.
$CoCl^3$	$+ 6\,NH^3$	$\longrightarrow CoCl^3.6\,NH^3$	
CaO	$+ H^2O$	$\longrightarrow (HO)^2\,Ca$	Hydrines.
Cl^2Ca	$+ 6\,H^2O$	$\longrightarrow Cl^2\,Ca.\,6\,H^2O$	
SO^3	$+ H^2O$	$\longrightarrow SO^4H^2$	
ClK	$+ AuCl^3$	$\longrightarrow AuCl^4K$	Sels doubles.
SO^4K^2	$+ (SO^4)^3Al^2$	$\longrightarrow 2\,(SO^4)^2\,AlK$	

Tous ces sels ont un mode de formation identique, leurs « atomes » sont des molécules qui ont perdu leurs propriétés caractéristiques comme les corps simples, dans les composés. Il n'y a pas de différence essentielle entre un hydrate, un oxacide, une ammine ou un sel double ; ceux-ci ne se distinguent qu'en solution aqueuse, par le mode et le degré d'ionisation. Parmi ces sels, seuls sont considérés comme complexes, ceux où l'affinité entre les molécules constitutives est suffisante pour qu'ils ne se décomposent pas en solution aqueuse, et qui témoignent ainsi d'une individualité propre. Mais cette distinction n'a rien d'absolu, il est impossible d'établir une limite nette entre ces deux catégories de composés : entre les complexes proprement dits et les sels doubles complètement rétrogradés en molécules simples en solution aqueuse, se place toute une série de corps de transition qui présentent un degré plus ou moins avancé de rétrogradation.

Il est intéressant de constater que la théorie des valences ne peut s'appliquer à l'important groupe des composés d'oxydes métalloïdiques ou métalliques avec l'eau, qu'en attribuant aux molécules de l'oxyde la propriété de se « réorganiser » : une des deux liaisons qui rattachent l'atome d'oxygène au métalloïde se rompt, et ce seraient les valences ainsi libérées qui fixeraient la molécule d'eau :

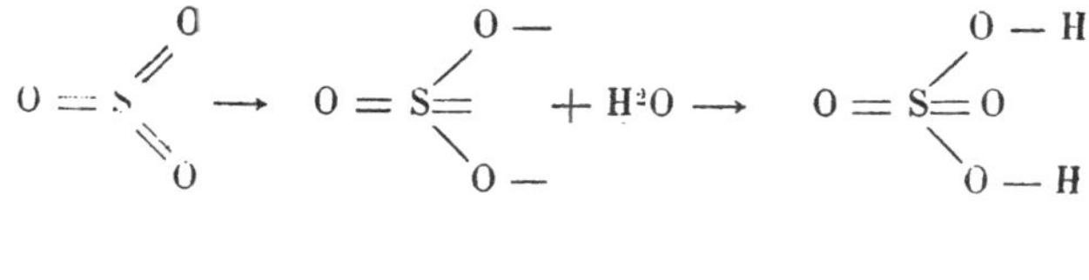

Cette explication, à première vue parfaitement plausible, ne résiste pas à une critique un peu serrée : elle ne peut s'appliquer aux composés d'addition de métalloïdes monovalents. Car, dans ce cas, quelle que soit la réorganisation moléculaire produite, jamais une valence ne pourra se libérer. La combinaison moléculaire :

$$2\ ClK + SnCl^4 \longrightarrow SnCl^6K^2$$

aurait ainsi un mécanisme différent de la réaction tout à fait semblable :

$$S\ (NH^4)^2 + SnS \longrightarrow SnS^2\ (NH^4)^2.$$

D'ailleurs, en admettant le principe de la réorganisation moléculaire, les métalloïdes de la seconde période du tableau de Mendéleïeff devraient pouvoir former les hydrates :

$$Si\ (OH)^4 \quad P\ (OH)^5 \quad S\ (OH)^6 \quad Cl\ (OH)^7$$

au lieu des composés bien connus

$$PO^4H^3 \quad SO^4H^2 \quad ClO^4H.$$

Fait remarquable : tous ces métalloïdes ne peuvent se combiner à plus de quatre atomes d'oxygène, quelle que soit la structure de leur anhydride ; tandis que leur capacité de combinaison avec l'hydrogène est limitée à celle qu'ils manifestent dans leurs hydrures :

$$SiH^4 \quad PH^3 \quad SH^2 \quad ClH.$$

Cette concordance prouve que ces combinaisons moléculaires ne se créent point par fixation de groupements oxhydryles OH ; elles sont plutôt dues au fonctionnement d'une affinité supplémentaire qui tendrait à fixer quatre atomes d'oxygène au métalloïde.

D'accord avec cette hypothèse, les oxydes d'osmium et de ruthénium OsO^4 et RuO^4 ne forment pas d'acides, car ils sont incapables de se combiner avec l'atome d'oxygène de l'eau.

Pour conclure : — la théorie des valences n'est applicable aux composés d'ordre supérieur qu'à la condition qu'une des molécules constituantes renferme une double liaison, en adjoignant l'hypothèse d'une réorganisation moléculaire; elle ne peut servir, et constitue même une gêne dans les autres cas. Nous sommes donc obligés pour aborder l'étude de ces composés, sinon d'abandonner la théorie des valences, tout au moins d'en élargir la portée : c'est ce que réalise la théorie des coordinations.

CHAPITRE II

HISTORIQUE DE LA THÉORIE DES COORDINATIONS

Dès le milieu du XIXe siècle, les composés d'ordre supérieur ont attiré l'attention des chimistes par l'irrégularité qu'ils manifestaient vis-à-vis de la théorie des valences.

Après de longs tâtonnements, une théorie établie par Blomstrand parvint à expliquer d'une manière satisfaisante la constitution de l'important groupe des ammines. Elle empruntait à la chimie organique la représentation en chaînes et l'appliquait aux molécules d'ammoniaque en considérant l'azote comme pentavalent.

Le cobaltihexammine[1] $Cl^6Co^2.12\,NH^3$, par exemple, pouvait se représenter :

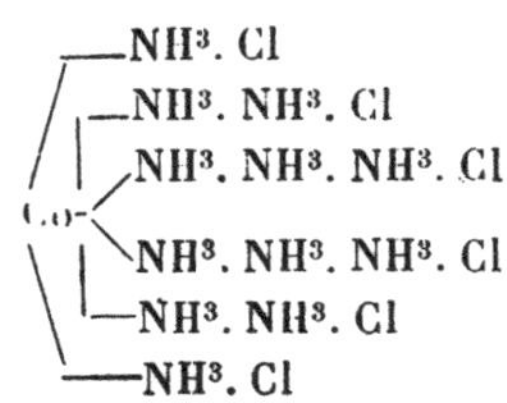

en utilisant cette formule dyssymétrique pour expliquer le phénomène bizarre de la *disparition des propriétés réactionnelles de deux atomes de chlore*, quand on extrait deux molécules d'ammoniaque de ce sel. Cette particularité serait alors due à

1. A cette époque on formulait le chlorure cobaltique Cl^6Co^2.

la formation d'une liaison directe de ces atomes de Cl avec les atomes de cobalt :

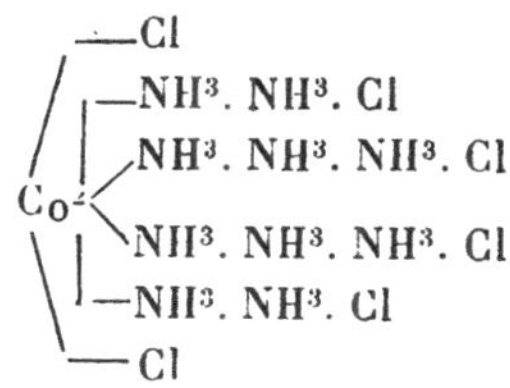

C'est la première ébauche de la distinction entre *liaisons directes* et *liaisons ioniques*, distinction que Werner développa avec succès dans la suite.

Jörgensen prouva que les ammines sont monomoléculaires et qu'il fallait, par suite, attribuer à la cobaltihexammine la formule

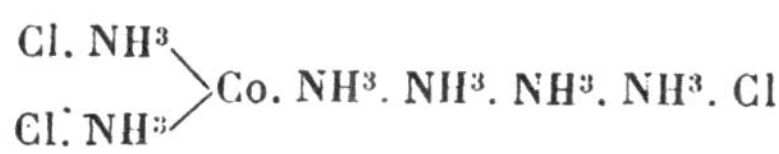

et à la pentammine :

Mais ces représentations se montrent insuffisantes : elles ne peuvent s'appliquer aux composés du type $(NO^2)^3 Co, 3NH^3$, dont les trois radicaux acides, ayant leurs propriétés dissimulées, devraient être en liaison directe avec l'atome de cobalt, et ne laisseraient plus de valences libres pour fixer les molécules d'ammoniaque ; ni aux complexes autres que les ammines, à moins d'attribuer à certains atomes des valences fantaisistes, comme Blombstrand le fit par exemple pour le chlore dans le chloropatinate de potassium :

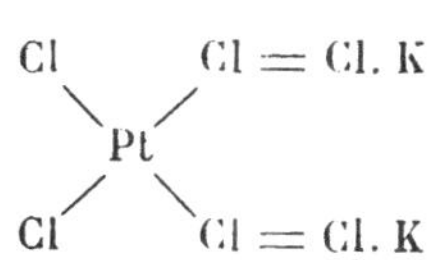

Une telle formule est d'ailleurs en contradiction avec l'idenité de propriétés des six atomes de chlore du chloroplatinate de potassium.

Nous devons à Werner une théorie cohérente permettant d'expliquer, indépendamment de toute hypothèse secondaire, la formation et les propriétés chimiques et physiques des complexes. C'est la théorie des coordinations dont la représentation concrète — octaèdre de Werner — se justifie expérimentalement par le phénomène d'isomérie.

DEUXIÈME PARTIE

LA THÉORIE DES COORDINATIONS

CHAPITRE PREMIER

LES CONTRAVALENCES

Werner a introduit la notion de contravalence — valences secondaires qui tendraient à se satisfaire alors que les valences ordinaires sont toutes occupées — pour expliquer la capacité que possèdent certaines molécules complètement saturées, de se combiner entre elles pour former des complexes parfaitement définis.

L'étude des propriétés du composé $PtCl^4 . 2\,NH^3$, résultant de la combinaison directe du chlorure platinique avec l'ammoniaque, nous montrera la nécessité de cette notion.

En nous basant sur la théorie des valences, nous attribuons à ce sel, en tenant compte de la tétravalence du platine, la formule :

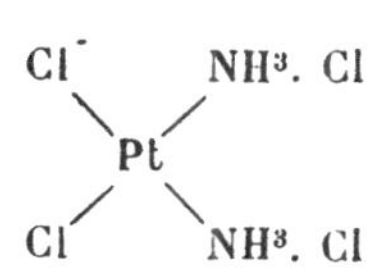

qui en fait un chlorure d'ammonium substitué. Cette formule est inexacte : d'après elle, la solution de ce composé devrait être bonne conductrice de l'électricité au même titre que le chlorure d'ammonium, et le nitrate d'argent devrait précipiter au moins deux de ses atomes de chlore sous forme de chlorure d'argent. Or, fait remarquable, une telle précipitation n'a pas lieu. Les atomes de chlore du composé $PtCl^4 . 2\,NH^3$ ne se scindent donc point en ions. L'adjonction des deux molécules d'ammoniaque rend la molécule plus stable et empêche sa dissociation, ainsi qu'en témoigne d'ailleurs la très faible conductivité de sa solution aqueuse.

Afin de justifier ces singularités, on suppose qu'à côté de ses quatre valences principales (électrovalences), l'atome de platine possède encore un certain nombre de contravalences. Pour des raisons que nous apprendrons à connaître dans la suite, ce nombre s'élève à deux dans le chlorure platinique; aussi ce composé peut-il manifester une affinité secondaire en présence de molécules dont un atome possède des contravalences libres (l'expérience ayant montré que seules des valences de même nature peuvent se saturer réciproquement) de signe contraire à lui, comme cela se produit avec les molécules d'ammoniaque. Le composé précédent (platitétrachlorodiammine) sera représenté par la formule[1] :

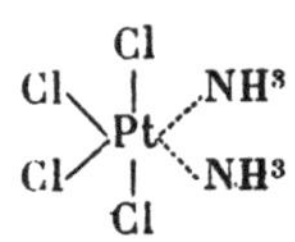

qui a l'avantage de ne pas exiger un bouleversement dans la structure des molécules additionnées — bouleversement que rien ne justifie — et de conserver aux quatre atomes de chlore des positions symétriques.

L'ensemble de l'atome de platine et des *six groupes chimiques* (atomes Cl et molécules NH^3) qui y sont *directement* liés forme un tout parfaitement stable qui ne subit aucune dissociation.

Étudions un second complexe : le composé $Cl^3Co.6NH^3$ résultant de la combinaison directe du chlorure cobaltique avec l'ammoniaque.

La solution de ce sel conduit le courant : c'est un électrolyte où nous pouvons déceler la présence de l'anion Cl^- par le cation Ag^+ ; l'analyse quantitative montre que les trois atomes de chlore sont précipitables. La solution traitée par l'acide sulfurique donne un sulfate qui contient l'atome de

1. Nous représentons les contravalences, quand une distinction avec les autres valences est nécessaire, par un trait pointillé.

cobalt avec toutes les molécules d'ammoniaque qui y étaient liées.

En nous servant des contravalences la formule de ce sel (chlorure de cobaltihexammine) pourra s'écrire :

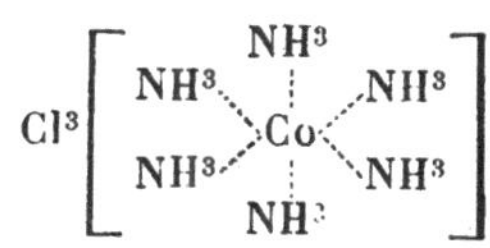

Les six molécules d'ammoniaque sont fixées par des contravalences, elles sont directement liées à l'atome de cobalt qui fonctionne comme *atome central*, et forment avec lui le *noyau* du complexe dont l'attitude d' « unité chimique »[1] — il se déplace en bloc dans la réaction — se représente graphiquement par sa mise entre crochets. Quant aux atomes de chlore qui conservent leurs réactions typiques et sont donc présents sous forme d'ions, ils sont situés en dehors du noyau, liés au reste de la molécule par des « liaisons ioniques ».

Comme dans l'exemple précédent, *six* groupes chimiques (ici six molécules) se lient à un atome central pour former un noyau complexe.

De même les complexes platiniques, résultant de la combinaison d'un chloroplatinate (dont le noyau contient déjà six groupes) avec de nouvelles molécules d'ammoniaque, ne contiennent jamais plus de six groupes dans leur noyau ; l'adjonction de ces molécules d'ammoniaque s'accompagne d'une réorganisation dans la structure moléculaire (décelable par l'ionisation de certains radicaux) telle qu'elle ne laisse que six groupes en liaison *directe* avec l'atome de platine.

Si nous appliquons ce qui précède à la formation des acides, l'acide sulfurique serait dû à la saturation réciproque d'une contravalence du soufre de l'anhydride sulfurique et d'une contravalence de l'oxygène de l'eau suivant le schéma

$$SO^3 + H^2O \longrightarrow SO^3 \cdots OH^2.$$

1. Les propriétés spécifiques du cobalt et de l'ammoniaque disparaissent pour faire place à de nouvelles qui caractérisent le noyau.

L'atome de soufre agit comme atome central et forme avec les quatre atomes d'oxygène un noyau complexe :

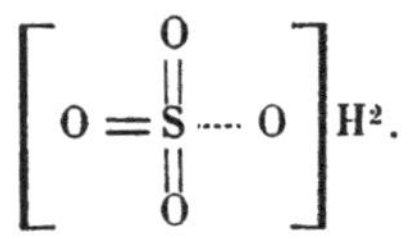

Les atomes d'hydrogène se trouvent indirectement liés au noyau et sont par conséquent dissociés en ions en solution aqueuse.

D'ailleurs cette explication n'exclut pas l'existence d'une structure analogue à celle que lui attribue la théorie des valences :

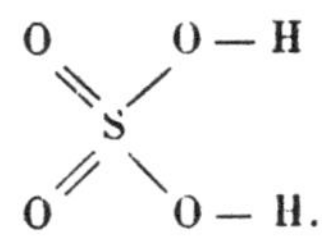

Toutefois il est très probable qu'il n'en est pas ainsi ; des composés tels que la platitétrachlorodiammine $PtCl^4 . 2\,NH^3$ où une telle réorganisation est impossible, étant tous parfaitement stables, il n'y a pas de raison pour qu'il en soit autrement avec des composés d'ordre supérieur issus de molécules contenant des doubles liaisons.

CHAPITRE II

CONSTITUTION GÉNÉRALE DES COMPLEXES

Les exemples qui précèdent montrent que certains atomes, comme ceux de platine et de cobalt, sont capables de fixer directement, par leurs valences principales et leurs contravalences, un nombre fixe de molécules et de radicaux — six pour le platine et le cobalt, quatre seulement pour le soufre —, et de constituer ainsi, en jouant le rôle d'atome central, un individu chimique, le noyau complexe, qui possède des réactions caractéristiques remplaçant celles de ses composants.

Les molécules et radicaux contenus dans le noyau sont dits « coordonnés » à l'atome central, ou se trouver en « première zone » du complexe.

Le nombre qui fixe la somme globale des groupes coordonnés est « la valence de coordination ». Cette valence peut varier pour un même élément, mais elle présente toujours une valeur limite parfaitement définie, « la valence maximum de coordination » : elle s'élève à six pour le cobalt et la plupart des métaux de faible électroaffinité ; à quatre pour le soufre et certains métalloïdes, tels que le phosphore, le carbone, l'azote et le bore.

La valence maximum de coordination se caractérise par sa constance ; elle conserve la même valeur, que « les positions de coordination » soient occupées par des molécules neutres d'eau, des anions tels que Cl^-, Br^-, NO^{2-}, CN^-, des groupements oxhydryle, des atomes d'oxygène ou des molécules d'ammoniaque. *Chaque radical monovalent, comme toute molécule ou atome, ne peut occuper qu'une seule position de coordination*. Les radicaux bivalents comme SO^4, CO^3, C^2O^4,.... peuvent, suivant les cas, occuper une ou deux de ces positions. On explique cette singularité par la distribution spatiale des valences à saturer : celles du radical bivalent peuvent être disposées de manière à correspondre à deux positions de coordination :

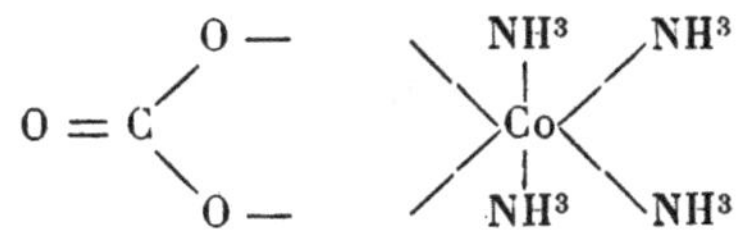

ou à une seule

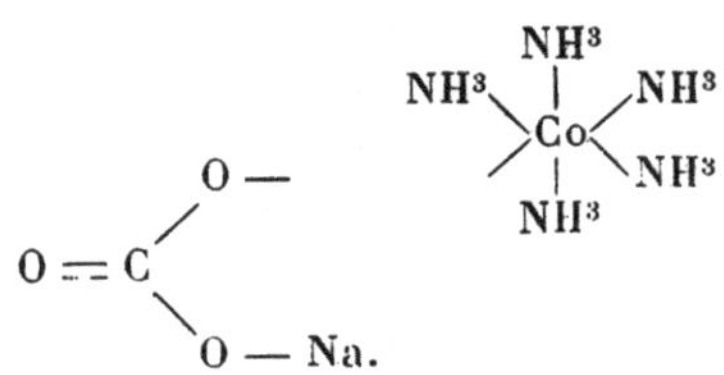

De telles considérations jouent un rôle important dans l'étude de la structure des complexes, nous en parlerons plus en détail plus loin.

La valence de coordination et l'électrovalence sont toujours de signes contraires, mais leurs valeurs sont indépendantes. Sans jamais être inférieure à cette dernière, elle est rarement inférieure au double de celle-ci — c'est le cas pour l'azote trivalent tétracoordonné ainsi que le prouve le radical ammonium 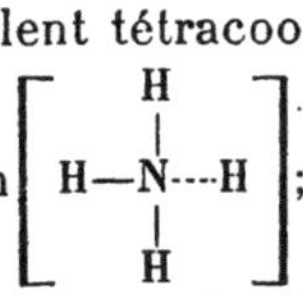 ; pour le carbone tétravalent et tétracoordonné, ce qui fait que tous les composés organiques sont de véritables complexes.

La valence principale (électrovalence) ne rend compte que d'une fraction de la capacité de combinaison, celle qui, se manifestant avec le plus d'énergie, avait seule attiré l'attention des premiers chimistes ; la valence de coordination exprime la totalité de cette capacité.

La molécule d'un sel complexe peut contenir, en plus du noyau, d'autres atomes, moins solidement liés que ceux qui le constituent et qui sont dits en « liaison indirecte » avec l'atome central. Leur tendance à se dissocier en ions dans les solutions est considérée comme une preuve de la fragilité de leurs liaisons; aussi cette liaison est-elle souvent appelée « liaison ionique ».

Tous les éléments n'ont pas la même aptitude à former des complexes. On ne connaît pas de complexes dont l'atome central est un métal alcalin ; la plupart des complexes sont formés à partir de métaux précieux ; l'or et le platine n'existent pas à l'état d'ions simples..... Il existe une relation entre l'électroaffinité des corps et leur tendance à la formation de complexes : celle-ci croît avec la diminution de l'électroaffinité. On conçoit que les ions des métaux de faible électropositivité, les ions faibles puissent, en s'adjoignant d'autres ions ou même des radicaux neutres, se créer une configuration ionique plus stable. Dans l'ion complexe, l'atome central n'est plus seul à porter sa charge, mais il la répartit sur les autres atomes.

L'aptitude à former des complexes n'apparaît qu'à partir du magnésium lequel intervient comme atome central dans la carnallite $ClK . Cl^2Mg$ que l'on peut représenter d'après la théorie des coordinations $[MgCl^3] K$.

Mais, par suite de l'électropositivité encore assez élevée du magnésium, ce sel se dissocie encore fortement en ses constituants ; c'est plutôt un sel double qu'un sel complexe typique.

On n'observe la formation de sels complexes stables qu'à partir du zinc, du fer, du cobalt et du nickel, tels les composés :

$$(HO)^2 [Zn (NH^3)^4] \quad [Fe (CN)^6]K^3 \quad [Co (NO^2)^6] K^3 \quad [Ni (CN)^4] K^2.$$

bien connus.

A la fin de la série des métaux groupés par électroaffinité décroissante, se rencontrent les métaux rares : l'argent, le platinc et l'or qui sont particulièrement aptes à former des complexes. Citons comme exemples :

$$Cl\,[Ag\,(NH^3)^2] \qquad [PtCl^6]\,H^2 \qquad [AuCl^4]\,H.$$

Les métalloïdes possèdent d'une manière analogue, suivant le degré de leur électronégativité, plus ou moins de capacité à former des complexes. Les acides très faibles[1] ont une prédilection à entrer dans le noyau des complexes comme groupes coordonnés, ou même comme atome central.

La plupart des composés cyanés, formés de la réunion des anions CN- avec des métaux de faible électropositivité, sont des complexes caractéristiques du premier type. Comme complexes qui comprennent des radicaux d'acides faibles, citons l'acide silicotungstique, borotungstique, phosphotungstique et phosphomolybdique. Les groupements WO^3 ou MoO^3 sont joints à l'acide de la même manière que les molécules d'ammoniaque le sont au métal dans les ammines :

$$SiO^4H^4 + 12\,WO^3 + 2\,H^2O \longrightarrow [Si\,(W^2O^7)^6]\,H^8$$
$$BO^3H^3 + 12\,WO^3 + 3\,H^2O \longrightarrow [B\,(W^2O^7)^6]\,H^9$$
$$PO^4H^3 + 12\,WO^3 + 2\,H^2O \longrightarrow [P\,(W^2O^7)^6]\,H^7$$
$$PO^4H^3 + 12\,MoO^3 + 2\,H^2O \longrightarrow [P\,(Mo^2O^7)^6]\,H^7$$

1. La détermination de la force d'un acide peut se déduire de la dissociation hydrolytique de son sel en solution aqueuse. Les anions des sels dérivant d'acides faibles se combinent avec les cations H^+ de l'eau pour former avec ceux-ci des molécules d'acides non dissociées, la solution réagit alors alcalinement par la mise en liberté d'anions HO^-.

CHAPITRE III

L'ION COMPLEXE

1. — Dissociation électrolytique des sels complexes.

L'étude de la conductivité électrique du chloroplatinate de potassium, complexe formé de la combinaison de deux molécules ClK avec une molécule $PtCl^4$ nous apprend que ce sel se dissocie en trois ions. En effet, nous savons que la conductivité moléculaire des sels qui se dissocient en un même nombre d'ions se groupent autour d'une même valeur. Ainsi à 25° pour des solutions millimoléculaires, cette conductivité est environ 125 pour les sels binaires (ClNa, ClK), 250 pour les sels ternaires (Cl^2Ba, Cl^2Ca, Br^2Mg) et 425 pour les quaternaires. Elle est de 223 pour $PtCl^6K^2$ qui se classe donc nettement dans la catégorie des sels ternaires.

Deux cations K^+ sont décelables par voie analytique. Nous savons d'autre part — et c'est ce qui nous a conduit à la théorie des coordinations — qu'il n'y a pas d'ions Cl^- présents dans la solution. S'il ne se précipite pas de chlorure d'argent quand on traite le chloroplatinate par le nitrate d'argent, il se forme cependant un sel insoluble le chloroplatinate d'argent.

Il existe donc des anions $PtCl^{6--}$ dans la solution. L'atome de platine du chlorure platinique, lié normalement à quatre atomes de chlore par ses valences chimiques ordinaires, est capable de s'adjoindre, grâce aux contravalences, deux nouveaux atomes de chlore pour former le noyau complexe [$PtCl^6$].

Ce noyau complexe se comporte comme un ion ordinaire, comme un anion ainsi que son attitude vis-à-vis des cations Ag^+

le prouve, tandis que le complexe $[PtCl^4(NH^3)^2]$ étudié plus haut est électriquement neutre.

Il s'agit maintenant de savoir pourquoi certains noyaux complexes restent neutres, tandis que d'autres se chargent, soit négativement, soit positivement.

La formule (1) du chloroplatinate de potassium montre que quatre atomes de chlore sont réunis normalement par leur valence principale à l'atome de platine, tandis que les deux autres ne sont liés que par leur contravalence. Ces deux derniers atomes ont encore leur valence normale libre et peuvent par conséquent fixer chacun un atome de potassium :

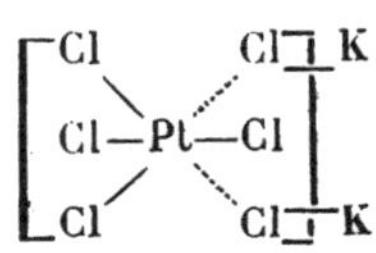

(1)

En solution, ceux-ci se dissocient et laissent l'anion complexe $[PtCl^6]^{--}$ bivalent comme reste.

Dans le composé $PtCl^4(NH^3)^2$ par contre, ce sont deux molécules d'ammoniaque qui viennent se joindre au chlorure platinique $PtCl^4$. Ces molécules d'ammoniaque ne sont pas dissociables, le complexe

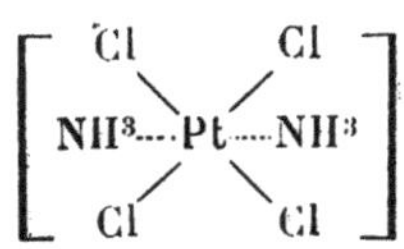

sera donc électriquement neutre.

Cette représentation graphique, très utile pour expliquer la valence et les propriétés des radicaux complexes, ne peut être considérée comme rigoureusement exacte ; d'après elle, dans le chloroplatinate de potassium par exemple, deux atomes de chlore devraient posséder, avec l'atome de platine, une liaison différente des quatre autres. Or une telle différence entre les six valences de coordination du platine n'existe pas ; on peut remplacer successivement chacun des atomes de chlore par un groupement oxhydryle OH- en formant tous les composés depuis $[PtCl^5(OH)]H^2$ jusque $[Pt(OH)^6]H^2$, sans que le moindre indice d'une distinction entre la capacité de combinaison des six atomes de chlore ne se manifeste. *Il n'existe aucune différence fondamentale entre les valences principales et les contravalences.* L'atome central possède une capacité de liaison exprimée quantitativement par la valence de coordination, capacité qui se distribue régulièrement sur l'ensemble des groupes coordonnés.

Nous savons que les propriétés chimiques de l'atome central et des groupes coordonnés disparaissent dans l'ion complexe pour être remplacées par de nouvelles réactions qui caractérisent celui-ci. Ainsi que l'exemple du composé $PtCl^4(NH^3)^2$ (p. 13) nous l'a prouvé, ce caractère est un des plus importants pour éclairer la constitution des complexes. Toutefois, les réactions caractéristiques des constituants du noyau ne s'effacent pas totalement. Une étude attentive montre que, dans presque tous les cas, l'une ou l'autre de leurs réactions particulièrement sensible subsiste, et permet de déceler une dissociation, souvent extrêmement faible, de l'ion complexe en sous-ions.

Nous avons déjà signalé (p. 5) que cette dissociation est à la base de la distinction entre sels complexes et sels doubles, ces derniers se dissociant totalement en solution aqueuse. Cette classification n'a donc rien d'absolu ; si certaines réactions de l'acide chloroplatinique, comme sa précipitation par les cations K^+ ou Ag^+, caractérisent la présence d'anions $[PtCl^6]^{--}$ et précisent la dissociation :

$$PtCl^6H^2 \longrightarrow [PtCl^6]^{--} + 2\,H^+,$$

on peut cependant démontrer que cet anion $[PtCl^6]^{-}$ se dissocie lui-même suivant

$$PtCl^{6--} \longrightarrow 6\,Cl^- + Pt^{++++}$$

en décelant dans la solution des cations Pt^{++++} libres par leur précipitation sous forme de sulfure PtS^2 par l'hydrogène sulfuré (à condition de dépasser le produit de solubilité de ce dernier composé).

Les ions complexes dont la stabilité est suffisante pour empêcher une telle dissociation sont dits « forts », ils forment des « complexes parfaits », les autres sont des ions complexes « faibles » qui forment des « complexes imparfaits ».

En chimie analytique, les constituants d'un ion complexe ne sont point décelés par leurs réactions propres, lesquelles sont très souvent complètement effacées, mais par les réactions spécifiques des ions complexes qui les contiennent. Ainsi, la présence de fer dans une solution de ferricyanure de potassium $[Fe(CN)^6]K^3$ sera déterminée en caractérisant simplement $[Fe(CN)^6]^{---}$ par sa transformation en ferricyanure ferreux (bleu de Turnbull) $[Fe(CN)^6]^2Fe^3$.

On se sert des complexes pour effectuer la séparation de certains éléments ; le cadmium du cuivre par exemple, en faisant agir l'hydrogène sulfuré sur le mélange $[Cd(CN)^4]^{--} + [Cu(CN)^4]^{---}$, lequel transforme le cadmium en sulfure et laisse les anions $[Cu(CN)^4]^{---}$ intacts. On les utilise également en galvanoplastie et en électrolyse, pour obtenir un dépôt métallique régulier et adhérent (à partir d'un composé plus simple, le métal se sépare souvent sous forme d'une poudre sans éclat).

2. — *Détermination de la valence des ions complexes.*

La charge de l'ion complexe — et par conséquent sa valence — dépend, non seulement de la charge de l'atome central et de celle des groupes coordonnés, mais aussi de la nature de ces groupes : molécules ou radicaux et atomes. La variation de cette charge manifeste une grande régularité quand on l'étudie dans la série d'un même sel.

Ainsi dans :

$Cl^3\ [Co\ (NH^3)^6]$,	le noyau est un cation trivalent.
$Cl^2\ [Co\ (NH^3)^5\ Cl]$,	le noyau est un cation bivalent.
$Cl\ [Co\ (NH^3)^4\ Cl^2]$,	le noyau est un cation univalent.
$[Co\ (NH^3)^3\ (NO^2)^3]$,	le noyau est électriquement neutre.
$[Co\ (NH^3)^2\ (NO^2)^4]\ K$,	le noyau est un anion univalent.
$[Co\ (NH^3)\ (NO^2)^5]\ K^2$,	le noyau est un anion bivalent.
$[Co\ (NO^2)^6]\ K^3$,	le noyau est un anion trivalent.

On peut établir une formule pour calculer la charge d'un ion complexe à partir de la théorie des ions ; mais on arrive au même résultat en raisonnant sur les formules de coordination des complexes.

Dans le noyau du complexe $Cl^3[Co(NH^3)^6]$, les six positions de coordination sont occupées par des molécules d'ammoniaque liées à l'atome de cobalt par des contravalences ; ces molécules laissent ainsi les trois valences principales du cobalt libres, et l'ensemble formera le cation trivalent :

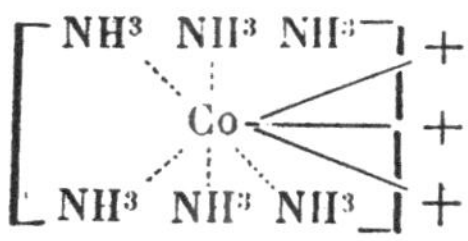

Si nous en extrayons une molécule d'ammoniaque, la position de coordination de celle-ci est immédiatement réoccupée par un atome de la seconde zone, et seules deux valences principales du cobalt restent libres hors du noyau qui sera ainsi bivalent :

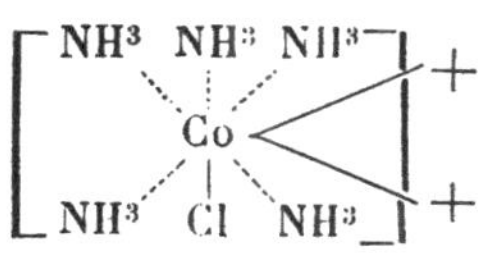

et formera avec l'anion Cl— le sel $Cl^2[Co(NH^3)^5Cl]$.

Chaque élimination d'une molécule d'ammoniaque est accompagnée de l'introduction, dans le noyau, d'un nouvel atome ou radical électronégatif univalent lié par une valence principale et diminue de ce fait la valence du noyau d'une unité.

Quand trois molécules d'ammoniaque sont éliminées, la valence du noyau est nulle ; le complexe forme un bloc non dissociable qui ne conduit plus le courant ; c'est ce que l'on observe avec le composé $[Co(NH^3)^3(NO^2)^3]$.

Si nous y introduisons plus d'atomes ou de radicaux négatifs que l'atome central n'a de valences principales, ces groupements supplémentaires se lieront au cobalt par leur contravalence, tout en conservant leurs valences principales libres.

La valence du noyau va augmenter progressivement, mais sa charge va changer de signe : il devient un anion.

Voici par exemple comment le complexe $[Co(NH^3)(CN)^5]Na^2$ se représente :

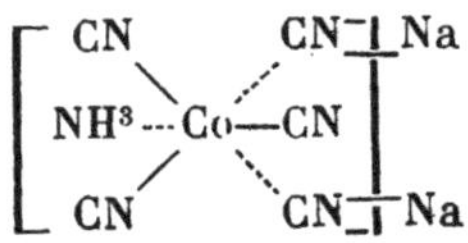

En résumé, nous constatons que la charge de l'ion complexe diminue au fur et à mesure que nous introduisons des atomes ou radicaux univalents dans celui-ci.

Si nous posons I = la valence de l'ion complexe ;
V = la valence principale de l'atome central (sa valence normale) ;
et R = le nombre d'atomes ou radicaux univalents contenus dans le noyau ;
nous pouvons déduire de ce qui précède la relation :

$$I = V - R.$$

Quand $V > R$: l'ion complexe est positif : c'est un cation.

Si $V = R$, $I = 0$, le complexe est électriquement neutre.

Enfin quand $V < R$, le noyau est chargé négativement et fonctionne comme anion.

Comme exemples :

le complexe $[Co(NH^3)^4Cl^2]$, où $V = 3$ et $R = 2$ donc $I = 3 - 2 = +1$, est un cation univalent ;

le complexe $[PtCl^6]$, où $V = 4$ et $R = 6$ donc $I = 4 - 6 = -2$, est un anion bivalent.

Remarquons que des radicaux bivalents comme SO^4 peuvent saturer deux valences de l'atome central, il faudra en tenir compte dans l'établissement de la valeur de R. Ainsi le complexe $[Co(NH^3)^5SO^4]$ est un cation univalent, car $I = 3 - 2 = +1$.

La détermination de la valence de l'ion complexe joue un rôle capital dans la détermination de la constitution du complexe ; elle permet de justifier la formule de structure de ceux-ci.

Cette détermination s'effectue par des mesures de conductivité électrique comme nous l'avons indiqué au Chapitre III, § 1.

Elle précise par exemple pour le composé $Cl^3Co(NH^3)^5$ (conduct. mol. à 25° en solution millimoléculaire : 244) une dissociation en trois ions et permet de choisir entre les trois formules :

$$Cl\,[Co(NH^3)^5Cl^2]\ (I)\,;\ Cl^2\,[Co(NH^3)^5Cl]\ (II)\,;\ Cl^3\,[Co(NH^3)^5]\ (III)$$

la formule (II) comme la bonne. Le noyau contient six groupes coordonnés, la valence de coordination du cobalt s'élève donc à six; ce résultat concorde avec de nombreuses autres expériences, et vient confirmer la théorie des coordinations.

CHAPITRE IV

NOMENCLATURE DES COMPLEXES

La plupart des complexes ont une composition si compliquée que leur désignation à l'aide de la nomenclature courante entraînerait des équivoques.

Voici, brièvement énoncés, quelques principes qui permettent de désigner un complexe sans ambiguïté :

On cite d'abord l'anion, noyau ou groupements qui sont liés, puis le cation.

On énonce l'atome central en y adjoignant comme suffixe une voyelle qui précise sa valence principale :

L'atome univalent est terminé par le suffixe *a*.
— bivalent est terminé par le suffixe *o*.
— trivalent est terminé par le suffixe *i*.
— quadrivalent est terminé par le suffixe *e*.
— quintivalent est terminé par le suffixe *an*.
— sexvalent est terminé par le suffixe *on*.
— septavalent est terminé par le suffixe *in*.
— octovalent est terminé par le suffixe *en*.

Puis les groupes coordonnés dans l'ordre suivant : immédiatement après l'atome central les radicaux acides :

Cl = chloro
CO^3 = carbonato
SCN = sulfocyano

puis les groupements tels

H^2O = aquo
NH^3 = ammine
O = oxo

O^2 = peroxo
OH = hydroxo

éthylènediamine, pyridine et les autres groupes fonctionnant d'une façon analogue à l'ammoniaque.

Chacun de ces groupements porte un préfixe qui spécifie leur nombre présent dans le noyau.

Afin d'illustrer ces règles, voici à titre d'application quelques exemples de dénomination de complexe :

$[Fe(CN)^6]Na^3$ = Ferrihexacyanure de sodium.
$[ZnCl^5](NH^4)^3$ = Zincopentachlorure d'ammonium.
$(NO^3)^3[Cr(NH^3)^6]$ = Nitrate de chromihexammine.
$Br[Co(H^2O)^2(NH^3)^4]$ = Bromure de cobaltidiaquotetrammine.
$Br[CoCl(NO^2)en^2]$ = Bromure de cobaltichloronitrodiéthylènediamine [1].
$[Co(NO^2)^3(NH^3)^3]$ = Cobaltitrinitrotriammine.
$[PtCl^2(NH^3)^2]$ = Platodichlorodiammine.

Leur seule dénomination exprime que ces deux derniers sels ne se dissocieront pas en solution aqueuse.

Il est évident qu'il ne sera pas nécessaire d'appliquer cette nouvelle nomenclature aux complexes de structure relativement simple dont le nom, couramment usité, ne prête pas à équivoque. Ainsi, il est inutile d'appeler l'acide sulfurique $[SO^4]H^2$ l'acide sulfurontétroxo, l'hyposulfite de sodium $[SSO^3]Na^2$ le sulfurontrioxothionate de sodium et l'acide chlorique $[ClO^4]H$ l'acide chlorintétroxo (les suffixes on et in servent à désigner la sexvalence et la septavalence des atomes centraux).

1. L'éthylènediamine $NH^2—CH^2—CH^2—NH^2$ est représentée par « en ».

CHAPITRE V

CLASSIFICATION DES COMPLEXES

1. — *Généralités.*

Afin d'ordonner l'ensemble touffu des complexes inorganiques, ceux-ci ont été groupés en deux grandes catégories : les « complexes d'addition » et les « complexes d'intrusion ».

Cette distinction est basée à la fois sur le mode de formation du complexe et sur sa structure générale.

Les complexes d'addition se forment *par addition directe*, grâce aux valences de coordination, de *molécules simples* considérées comme saturées d'après la théorie des valences. *L'atome* du composé, *qui* manifeste cette affinité secondaire jusqu'à la saturation de ses valences de coordination, *fonctionne comme atome central* et *reste en relation directe avec les atomes auxquels il était primitivement lié*. Dès que cette condition n'est plus remplie et qu'un de ces atomes est chassé du noyau, le composé devient un complexe d'intrusion.

Les complexes d'intrusion se forment à partir des complexes d'addition, dont la capacité réactionnelle n'est pas complètement épuisée par la simple réunion des deux ou plusieurs molécules qui le composent. Mais il ne pourra plus être question d'une simple adjonction, comme cela s'est produit avec les molécules précédentes, toutes les positions de coordination étant occupées ; une telle addition ne peut se faire qu'à la suite d'une réorganisation moléculaire : *les molécules nouvellement ajoutées s'insinuent dans le noyau, en expulsant un nombre correspondant de radicaux*, lesquels perdent ainsi leurs liaisons directes avec l'atome central. En effet, ces complexes d'intrusion se caractérisent par la présence de liaisons ioniques entre le noyau et certains radicaux qui faisaient préalablement corps avec l'atome central ; ces complexes se dissocient toujours en solution aqueuse.

Illustrons ceci par un exemple :

Le nitrite cobaltique $(NO^2)^3Co$ peut fixer trois molécules d'ammoniaque et former le complexe d'addition $(NO^2)^3Co.3NH^3$ que l'on représente :

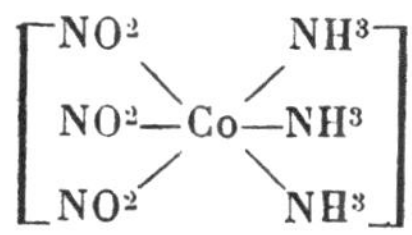

La très faible conductivité de ce corps confirme l'hypothèse de la liaison directe des radicaux NO^2 avec l'atome central.

Mais ce cobaltitrinitrotriammine peut encore s'adjoindre une nouvelle molécule d'ammoniaque et se transformer en nitrite de cobaltidinitrotétrammine. Cette combinaison s'accompagne de l'expulsion d'un radical NO^2- du noyau ; rejeté dans la deuxième sphère il devient immédiatement décelable par les réactifs ordinaires ; en même temps la conductivité électrique du complexe croît brusquement.

Cette réaction peut se représenter par l'équation :

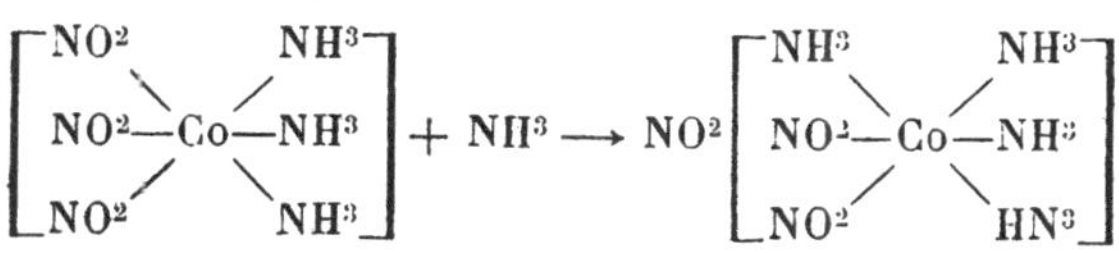

On peut s'attendre à ce que les autres radicaux NO^2 puissent également être chassés vers l'extérieur du noyau par de nouvelles molécules d'ammoniaque. C'est ce qui a effectivement lieu. On obtient finalement le trinitrite de cobaltihexammine $(NO^2)^3[Co(NH^3)^6]$, complexe qui clôture la série, car il est incapable de se combiner à de nouvelles molécules, sa capacité additionnelle étant totalement épuisée.

Le diagramme 1 montre que la conductivité électrique de ces complexes d'intrusion croît avec l'introduction progressive des trois molécules d'ammoniaque dans le noyau, ainsi que l'aug-

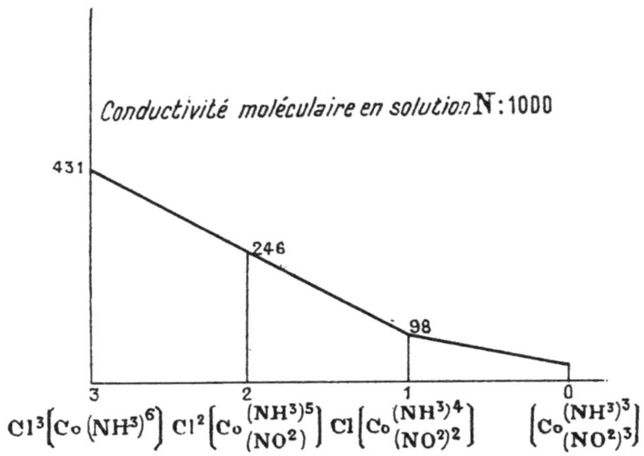

Fig. 1. — Conductivité des solutions des cobaltiammines.

mentation du nombre des radicaux ionisés qui s'ensuit permet de le prévoir.

2. — *Complexes d'addition.*

Les différents types de complexes énumérés p. 5 appartiennent tous à la catégorie des complexes d'addition.

Dans le premier exemple nous voyons des molécules neutres d'ammoniaque s'additionner à un sel parfait le chlorure $PtCl^4$ jusqu'à la saturation des six valences de coordination du platine pour former le composé $[PtCl^4(NH^3)^2]$ véritable complexe d'addition dont les atomes Cl, non décelables par le nitrate d'argent, font bien partie intégrante du noyau.

S'y rattachent également les sels doubles dont le noyau contient, avec un métal lourd, tous les anions des deux sels qui le constitue :

$$PtCl^4 + 2\,ClK \longrightarrow [PtCl^6]\,K^2$$
$$(NO^2)^3\,Co + 3\,NO^2K \longrightarrow [Co\,(NO^2)^6]\,K^3$$
$$(CN)^3\,Fe + 3\,CNK \longrightarrow [Fe\,(CN)^6]\,K^3.$$

Enfin, appartiennent encore à cette catégorie les composés d'ordre supérieur obtenus par la combinaison de deux oxydes et en particulier le produit d'addition d'un oxyde avec l'eau.

Outre l'exemple de l'acide sulfurique :

$$SO^3 + H^2O \longrightarrow [SO^4]H^2$$

cité plus haut, nous avons encore :

$MnO^3 + H^2O \longrightarrow [MnO^4]H^2$ (acide manganique).
$SiO^2 + 2H^2O \longrightarrow [SiO^4]H^4$ (acide orthosilicique).
$P^2O^5 + 3H^2O \longrightarrow 2[PO^4]H^3$ (acide orthophosphorique).
$P^2O^3 + 3H^2O \longrightarrow 2[PO^3H]H^2$ (acide phosphoreux).
$Cl^2O^7 + H^2O \longrightarrow 2[ClO^4]H$ (acide perchlorique).

Tous ces acides contiennent au maximum quatre atomes d'oxygène dans leur molécule. Cette correspondance remarquable — qui ne souffre d'exception que pour l'iode et le tellure lesquels forment les oxacides : $[IO^6]H^5$ et $[TeO^6]H^6$ — s'explique par la constance que prend la valence de coordination des divers éléments vis-à-vis de l'oxygène. Cette valence peut avoir une valeur différente par rapport à d'autres éléments. pour le silicium s'élever à six vis-à-vis du fluor par exemple, comme dans l'acide fluosilicique $[SiF^6]H^2$. En raisonnant par analogie avec ce que l'étude stéréochimique d'autres complexes permet de conclure, on suppose que l'oxygène occupe, par rapport à l'atome central, une position particulière qui ne laisserait pas de place à plus de quatre de ses atomes.

La théorie des coordinations offre encore sur la théorie des valences le grand avantage d'expliquer clairement la raison pour laquelle certains atomes d'hydrogène de quelques oxacides ne se dissocient pas en solution et restent dissimulés au sein de la molécule.

Ainsi l'acide orthophosphoreux obtenu par l'action du trichlorure de phosphore sur l'eau devrait avoir, d'après la théorie des valences, la formule

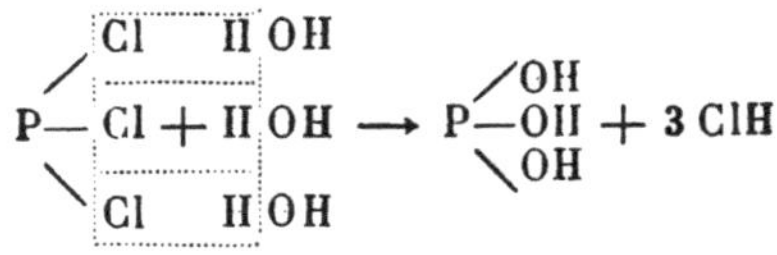

et réagir tribasiquement. Mais seuls deux de ses atomes d'hydrogène sont remplaçables par des métaux, ce qui conduit à lui donner la formule dyssymétrique :

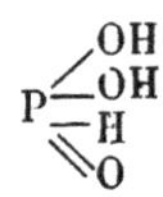

qui résulte de la quintivalence du phosphore.

Cette représentation arbitraire apparaît comme plausible dès qu'on se place au point de vue de la théorie des coordinations et qu'on formule l'acide orthophosphoreux :

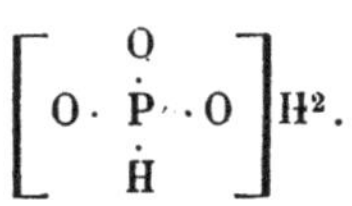

En effet, la valence de coordination du phosphore est quatre, trois positions de coordination sont occupées par des atomes d'oxygène; afin de satisfaire la quatrième valence de coordination un atome d'hydrogène pénètre dans le noyau et perd ainsi ses caractères réactionnels propres, sa substitution par un métal entre autres.

Si cette explication est exacte, l'acide hypophosphoreux aura pour constitution :

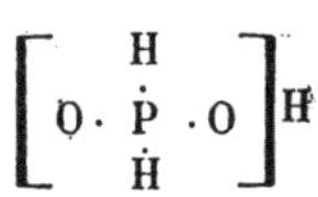

et ne possédera qu'un seul atome d'hydrogène remplaçable par un métal ; c'est ce qui a effectivement lieu.

Les acides faibles ont une forte tendance à constituer des

molécules plus compliquées encore : les « polyacides ». Ceux-ci se créent par *substitution* de radicaux acides aux atomes d'oxygène coordonnés à l'atome central et, suivant que ces radicaux sont, soit de la même nature que l'acide au sein duquel ils s'introduisent, soit de nature différente de celui-ci, on aura un « isopolyacide » ou un « hétéropolyacide ».

L'acide chromique $[CrO^4]H^2$ peut ainsi former trois isopolyacides :

$$\left[Cr \begin{matrix} CrO^4 \\ O^3 \end{matrix}\right] H^2 \qquad \left[Cr \begin{matrix} (CrO^4)^2 \\ O^2 \end{matrix}\right] H^2 \qquad \left[Cr \begin{matrix} (CrO^4)^3 \\ O \end{matrix}\right] H^2$$

acide bichromique — trichromique — quadrichromique

dont les sels alcalins correspondants ont été parfaitement identifiés. Le pyrosulfate de potassium $S^2O^7K^2$, comme tous les pyroacides, est également un isopolyacide dont nous pouvons représenter la formation :

$$[SO^4]\ K^2 + SO^3 \longrightarrow \left[S \begin{matrix} \diagup SO^4 \\ \diagdown O^3 \end{matrix}\right] K^2.$$

On peut encore étudier de ce point de vue les polysilicates formant les innombrables silicates naturels ; entre autres, le bisilicate $Si^2O^5K^2$ serait constitué à partir du métasilicate de potassium suivant :

$$[SiO^3]\ K^2 + SiO^2 \longrightarrow \left[Si \begin{matrix} SiO^3 \\ O^2 \end{matrix}\right] K^2.$$

Mais jusqu'à présent on ne connaît pas grand'chose de ces polysilicates dont la composition est des plus compliquées, et qui n'existent que sous forme de mélanges fort difficiles à séparer.

On connaît un grand nombre d'hétéroacides ; nous en avons signalé quelques représentants à la fin du chapitre premier.

Reprenons l'exemple de l'acide phosphomolybdique et silicotungstique dont les formules bien connues, à savoir $PO^4(NH^4)^3.12\ MoO^3.6\ H^2O$ et $SiO^2.12\ WO^3.4\ H^2O$, ne nous disent pas grand' chose. On y remarque cependant, comme dans la plupart des polyacides, la présence de douze radicaux d'acides faibles. Envisagée du point de vue de la théorie des coordinations, cette particularité serait due à la constance de la valence de coordination maximum d'un atome central. La formation de ces acides s'explique alors par la substitution de radicaux pyrotungstique [W^2O^7] et pyromolybdique [Mo^2O^7] aux six atomes d'oxygène des acides [SiO^6] H^8 et [PO^6] H^7 formés eux-mêmes de la combinaison de deux molécules d'eau aux acides [SiO^4] H^4 et [PO^4] H^3 (le silicium et le phosphore agissant comme atomes sexacoordonnés) :

$$[SiO^4]\,H^4 + 2\,H^2O \longrightarrow [SiO^6]\,H^8 \longrightarrow [Si\,(W^2O^7)^6]\,H^8$$ acide silicotungstique.

$$[PO^4]\,H^3 + 2\,H^2O \longrightarrow [PO^6]\,H^7 \longrightarrow [P\,(MO^2O^7)^6]\,H^7$$ acide phosphomolybdique.

Les atomes d'hydrogène de ces complexes sont en liaison ionique, ils pourront donc être remplacés, partiellement ou totalement, par des ions positifs. Le phosphomolybdate d'ammonium se formulera :

$$[P\,(Mo^2O^7)^6]\,{}^{(NH^4)^3}_{H^4}.$$

Certains acides n'ont pas tous leurs atomes d'oxygène substituables par des radicaux, tel l'acide arséniomolybdique dont un atome d'oxygène reste toujours dans le noyau :

$$\left[As\;{}^{(Mo^2O^7)^5}_{O}\right]H^7.$$

L'exactitude de cette formule est prouvée par la septabasicité de cet acide ; il forme avec la guanidine l'éther-sel :

$$\left[As\;{}^{(Mo^2O^7)^5}_{O}\right](CN^3H^5)^7.$$

3. — *Les complexes d'intrusion.*

A. — Les ammines

Tout ce qui a été dit concernant la formation et les propriétés du trinitrite de cobaltihexammine, cité comme exemple de complexe d'intrusion (p. 31), peut s'appliquer à tous les sels du type : $X^3[Me(NH^3)^6]$. (X = un anion univalent tel que Cl−, Br−, NO^2−, SCN−, NO^3−..... ou un demi-anion bivalent SO^{4--}, SO^{3--}, CO^{3--}, C^2O^{4--}..... ; Me = un atome des métaux : Co, Cr, Fe, Rh ou Bi ; NH^3 peut être remplacé par certains de ses dérivés comme la pyridine (C^5H^5N), l'éthylènediamine (NH^2-CH^2-CH^2-NH^2) ou l'hydrazine (N^2H^4).....). Ces sels sont désignés sous le nom de sels lutéo à cause de la couleur jaune du trinitrite de colbatihexammine, premier sel isolé de cette série.

Ces sels offrent comme réactions caractéristiques : l'impossibilité d'extraire, par des procédés chimiques, même par l'action de l'acide sulfurique concentré, les molécules d'ammoniaque du noyau ; le déplacement des anions par un acide fort et leur transformation en acides libres, comme cela se produit avec un sel ordinaire. Cette attitude justifie la formule de structure que nous leur avons attribuée : les molécules d'ammoniaque y sont directement liées à l'atome central, tandis que les radicaux acides, situés dans la zone extérieure du noyau, ont avec celui-ci une liaison bien moins stable.

Certaines ammines se forment à partir de métaux quadrivalents ou bivalents ; ce sont, entre autres, les sels $Cl^4[Pt(NH^3)^6]$; $Cl^4[Si(NH^3)^6]$; $I^4[Sn(NH^3)^6]$; $X^2[Ni(NH^3)^6]$ et toute la série des complexes correspondants du cadmium, du cuivre, du fer, du colbalt et du zinc.

Dans toutes ces formules, la valence du noyau vis-à-vis de l'anion correspond à la valence principale de l'atome central. Ceci s'explique par l'emploi exclusif de contravalences dans la liaison des molécules d'ammoniaque avec l'atome central ; les valences principales de l'atome central restent ainsi libres et fixent les radicaux acides situés en dehors du noyau.

La valence de coordination des ammines n'est pas invariablement six, comme c'est le cas pour les sels cités plus haut. Il existe aussi des ammines du type $[MeA^4]$, par exemple $SO^4[Cu(NH^3)^4]$; $Cl^2[Zn(NH^3)^4]$ et $Cl^2[Pt(NH^3)^4]$.

Les hexammines fournissent plusieurs séries de sels par substitution progressive des molécules d'ammoniaque par des radicaux acides. Il se forme ainsi successivement :

$$X^2\,[Me\,(NH^3)^5\,X]$$
$$X\,[Me\,(NH^3)^4\,X^2]$$
$$[Me\,(NH^3)^3\,X^3]$$
$$[Me\,(NH^3)^2\,X^4]\,Me$$
$$[Me\,(NH^3)\,X^5]\,Me^2$$
$$[Me\,X^6]\,Me^3$$

complexes qui ne possèdent aucune particularité spéciale ; on peut leur appliquer tout ce qui a déjà été énoncé plus haut à propos des complexes, tant au point de vue de leur formation que de leur attitude en solution aqueuse.

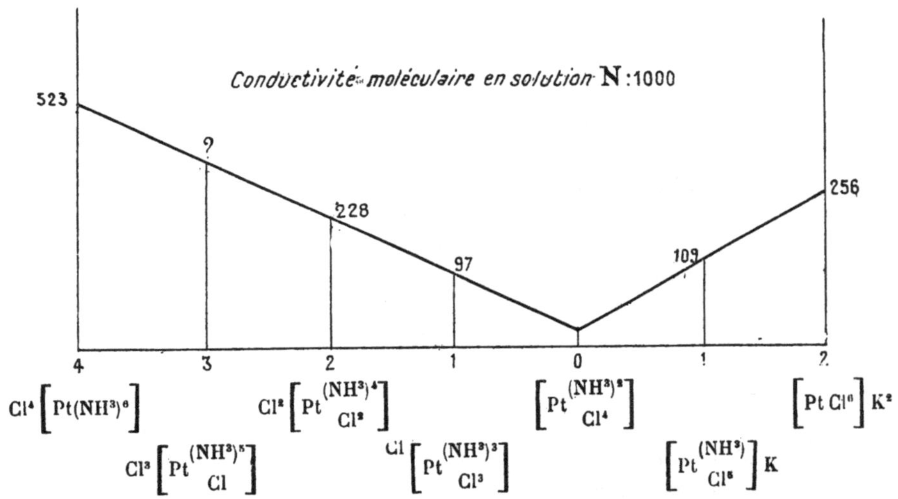

Fig. 2. — Conductivité des solutions des complexes platiniques.

Voici un diagramme (fig. 2) qui montre nettement la variation progressive des propriétés de ces sels quand on passe d'un groupe au suivant. Il s'agit de la conductivité électrique d'ammines substituées de la série du platine ; on y remarque que, suivant le nombre de radicaux acides contenus dans le noyau, le sel ne conduit pas le courant, ou se comporte comme un électrolyte binaire, ternaire ou quaternaire.

B. — Les hydrines

Un grand nombre de sels inorganiques hydratés contiennent six molécules d'eau dans leur molécule. Cette particularité, que la théorie des valences n'explique pas — elle n'arrive même pas à préciser le mode de liaison de ces molécules d'eau — présente une certaine parenté avec la présence de six molécules d'ammoniaque dans les hexammines et justifie l'extension de la théorie des coordinations à cette catégorie de composés.

Ce faisant, on pourra représenter des sels tels que $Cl^3Fe.6H^2O$ comme un complexe de formule

$$Cl^3 [Fe (H^2O)^6].$$

Dans des sels comme :

$Cl^3Al\ 2H^2O$; $Cl^2Co.6H^2O$; $(NO^3)^2Zn.6H^2O$; $Cl^2Ca.6H^2O$; $Cl^2Mg.6H^2O$,

les six molécules d'eau sont situées dans le noyau ; les radicaux acides par contre sont en dehors de celui-ci, en liaison indirecte avec l'atome central et par conséquent dissociées ioniquement dans les solutions.

L'existence des complexes dont le noyau contient à la fois des molécules d'ammoniaque et d'eau prouve l'étroite relation qui existe entre les ammines et les hydrines (hydrates dont les molécules d'eau sont contenues dans un noyau complexe). Dans les sels roséo-cobaltiques (sels d'une belle coloration rouge qui dérivent d'hexammines par substitution d'une, deux ou trois molécules d'ammoniaque par des molécules d'eau) :

$Cl^3 [Co (NH^3)^5 H^2O]$ (chlorure de cobaltiaquopentammine)
$Cl^3 [Co (NH^3)^4 (H^2O)^2]$ (chlorure de cobaltidiaquotetrammine)
$Cl^3 [Co (NH^3)^3 (H^2O)^3]$ (chlorure de cobaltitriaquotriammine)

la valence de coordination du cobalt se trouve satisfaite par l'ensemble des molécules d'ammoniaque et d'eau. Ces molécules d'eau appartiennent réellement au noyau du complexe car si on les élimine — en chauffant le sel — leurs positions de coordination sont immédiatement réoccupées par des radicaux acides de la deuxième zone, ainsi que le prouvent la disparition des propriétés ioniques de ces radicaux et la diminution de la conductivité électrique de la solution. Ainsi le trichlorure de cobaltiaquopentammine se décompose en eau et en bichlorure de chloropentammine suivant :

$$Cl^3\,[Co\,(NH^3)^5\,(H^2O)] \longrightarrow H^2O + Cl^2\,[Co\,(NH^3)^5\,Cl].$$

Cette représentation explique le passage du complexe de l'état quaternaire à l'état de sel ternaire et la raison pour laquelle le chlorure de cobaltichloropentammine ne précipite plus que deux atomes de chlore par le nitrate d'argent.

Cette théorie des hydrines explique aussi l'existence des trois isomères du chlorure de chrome $Cl^3Cr.6H^2O$.

Le premier de ces chlorures, coloré en gris bleuâtre, a ses trois atomes de chlore reliés ioniquement en solution aqueuse, tout son chlore peut être précipité par le nitrate d'argent. En nous basant sur les considérations établies plus haut, sa formule sera :

$$Cl^3\,[Cr\,(H^2O)^6].$$

Le second chlorure, vert, ne précipite que deux atomes de chlore et se représentera :

$$Cl^2\,[Cr\,(H^2O)^5\,Cl],\ H^2O.$$

Cette dernière molécule d'eau étant de l'eau de cristallisation, cet isomère est un hydrate d'hydrine.

Il en est de même pour le troisième chlorure, également vert, qui ne précipite plus qu'un seul atome de chlore de Cl et aura pour formule :

$$Cl\,[Cr\,(H^2O)^4\,Cl^2],\ 2\,H^2O.$$

Enfin, comme argument péremptoire en faveur de cette façon de considérer les hydrines : nous possédons tous les termes de transition, sauf un, entre l'hexahydrine du chrome et l'hexa-ammine correspondante.

La variation progressive de la couleur des termes successifs de cette série est particulièrement suggestive pour montrer l'étroite analogie de constitution qui existe entre ces différents sels :

$$\underset{\text{jaune}}{X^3\,[Cr\,(NH^3)^6]} \longrightarrow \underset{\text{jaune orangé}}{X^3\,[Cr\,(NH^3)^5\,(H^2O)]} \longrightarrow \underset{\text{rouge orangé}}{X^3\,[Cr\,(NH^3)^4\,(H^2O)^2]} \longrightarrow$$

$$\underset{\text{rouge pâle}}{X^3\,[Cr\,(NH^3)^3\,(H^2O)^3]} \longrightarrow \underset{\text{rouge violacé}}{X^3\,[Cr\,(NH^3)^2\,(H^2O)^4]} \longrightarrow$$

$$\underset{\text{inconnu}}{X^3\,[Cr\,(NH^3)\,(H^2O)^5]} \longrightarrow \underset{\text{violet}}{X^3\,[Cr\,(H^2O)^6]}.$$

Les sulfates qui cristallisent avec sept molécules d'eau comme les sulfates ferreux, cobalteux et de zinc, semblent faire exception à la théorie des hydrines. Mais on arrive, à partir de plusieurs données, entre autres par la mesure de la pression de dissociation de ces sels, à la conviction que la septième molécule d'eau occupe une position particulière dans la molécule [1]; c'est une molécule d'eau de cristallisation accrochée au radical SO^4, qui fait de ces cristaux de vrais hydrates d'hydrines du type

$$SO^4\,[Fe\,(H^2O)^6],\ H^2O.$$

On rencontre des difficultés plus importantes quand on aborde l'étude d'hydrates qui contiennent un nombre encore plus élevé de molécules d'eau. Pour faire cadrer les aluns qui en contiennent douze avec les hexahydrines, on admet que chacune des positions de coordination est occupée par des molécules doubles $(H^2O)^2$, et on attribue à l'alun de potassium la formule :

$$\begin{matrix}SO^4\\KSO^4\end{matrix}\,[Al\,(H^4O^2)^6].$$

Cette considération est justifiée dans une certaine mesure par la composition multimoléculaire de l'eau, à l'état normal

1. Pour ce qui a trait aux hydrates qui semblent être rebelles à la théorie des hydrines on aura intérêt à consulter le livre de R. Weiland : « Chemie der Komplexverbindungen », p. 286 et suivantes.

sa formule est au moins bimoléculaire sinon hexamoléculaire. Mais la raison pour laquelle l'eau se comporte unimoléculairement dans les hexahydrines et bimoléculairement dans les dodécahydrines, nous échappe encore complètement.

TROISIÈME PARTIE

CONSTITUTION DES COMPLEXES : LES ISOMÉRIES

CHAPITRE PREMIER

GÉNÉRALITÉS

Dans son sens général, le mot *isomérie* désigne le fait que deux corps, de composition identique, peuvent néanmoins posséder des propriétés chimiques et physiques différentes.

La divergence des propriétés, portant sur la coloration, la viscosité, les températures de fusion et d'ébullition,... ne peut être que l'effet d'une dyssymétrie de causes. Celle-ci réside dans la grosseur de la molécule : les divers atomes, tout en restant dans le même rapport les uns envers les autres, sont plus ou moins nombreux — c'est le phénomène de *polymérie* —; ou bien quand les molécules ont même masse : dans la disposition particulière des atomes au sein même de la molécule — c'est l'isomérie proprement dite ou la *métamérie*.

L'étude de l'isomérie apportera par conséquent des lumières sur la structure intime des corps qui manifestent ce phénomène. Celui-ci n'est pas une propriété exclusive de certains composés organiques. Si les composés minéraux qu'on manipule habituellement — et qui sont presque toujours formés d'éléments de forte électroaffinité — ne le présentent pas, on le rencontre fréquemment dans le domaine des complexes.

CHAPITRE II

LES POLYMÉRIES

L'exemple classique de la polymérie est fourni, en chimie organique, par l'acétylène et le benzène. Tous deux ont pour composition centésimale : 92,31 p. 100 de carbone et 7,69 p. 100 d'hydrogène et admettent comme formule la plus simple possible : CH. L'acétylène est le dimère de ce composé hypothétique, le benzène est son hexamère.

De pareils cas se rencontrent en chimie inorganique :

Deux corps différents ont pour composition $(CNAg)^n$: le cyanure d'argent monomoléculaire obtenu par l'action de l'acide sulfurique sur l'argentocyanure de potassium :

$$[Ag\,(CN)^2]\,K + SO^4H^2 \longrightarrow CNAg + SO^4HK + CNH$$

et son polymère bimoléculaire, l'argentocyanure d'argent, obtenu par l'action du nitrate d'argent sur le même complexe :

$$[Ag\,(CN)^2]\,K + NO^3Ag \longrightarrow [Ag\,(CN)^2]\,Ag + NO^3K.$$

Un cas semblable est présenté par le métaphosphite de sodium, dont il existe de nombreux polymères : PO^3Na ; $(PO^3Na)^2$; $(PO^3Na)^3$;.....

On a pu fixer la composition de cinq polymères du cobaltitrinitrotriammine de formule brute $Co(NH^3)^3\,(NO^2)^3$; ce sont :

$[Co\,(NH^3)^3\,(NO^2)^3]$ cobaltitrinitrotriammine.

$[Co\,(NH^3)^3\,(NO^2)^3]^2$ ou $[Co\,(NO^2)^6]^{---}\ [Co\,(NH^3)^6]^{+++}$ cobaltihexanitrite de cobaltihexammine.

$[Co\,(NH^3)^3\,(NO^2)^3]^3$ ou $[Co\,(NH^3]^2\,(NO^2)^4]^{-2}\,[Co\,(NH^3)^5\,(NO^2)]^{++}$ cobaltidiamminequadrinitrite de cobaltinitropentammine.

$[Co(NH^3)^3(NO^2)^3]^4$ ou $[Co(NH^3)^2(NO^2)^4]^{-3}[Co(NH^3)^6]^{+++}$ cobaltidiamminequadrinitrite de cobaltihexammine.

$[Co(NH^3)^3(NO^2)^3]^5$ ou $[Co(NO^2)^6]^{---2}[Co(NH^3)^5(NO^2)]^{++3}$ cobaltihexanitrite de cobaltinitropentammine.

Les complexes du cobalt, grâce à leur propriété de fonctionner comme anion ou cation suivant la nature et le nombre des groupements coordonnés, sont particulièrement aptes à former des métamères qui sont des véritables sels de cobalt d'acides cobaltiques complexes.

Le même mécanisme se produit avec les sels de chrome :

$[Cr(NH^3)^3(SCN)^3]$ et $[Cr(SCN)^6]^{---}[Cr(NH^3)^6]^{+++}$

Chromitrisulfocyanotriammine — Chromihexasulfocyanure de chromihexammine

CHAPITRE III

LES MÉTAMÉRIES

Les métaméries sont, de beaucoup, les plus fréquentes des isoméries de complexes, aussi les a-t-on classées en cinq sous-groupes.

1. — Les isomères d'ionisation.

Ces isomères se différencient en solution aqueuse par la nature de leurs ions, donc par la liaison des radicaux acides. L'isomérie d'ionisation est représentée par les formules générales :

$$\left[\mathrm{Me}\,{}^{\mathrm{A}^5}_{x}\right]y \text{ isomère de} \left[\mathrm{Me}\,{}^{\mathrm{A}^5}_{y}\right]x$$

où x et y sont deux radicaux acides. x est dissimulé à ses réactifs dans le premier de ces sels, l'action d'un acide fort ne le libérera guère sous forme d'acide libre ; seul y pourra être décelé dans la solution. C'est l'inverse qui a lieu pour le deuxième sel où x a permuté avec y.

Ce cas d'isomérie est présenté par deux sels de formule $BrSO^4Co(NH^3)^5$ dont l'un, violet, laisse séparer par le cation Ba^{++} des radicaux SO^{4--} et l'autre, rouge, donne les réactions caractéristiques de l'anion Br^- et ne réagit pas avec le chlorure de baryum. D'après la théorie des coordinations, cette particularité s'explique par les formules :

$$SO^{4--}\,[Co\,(NH^3)^5\,Br]^{++} \qquad \text{et} \qquad Br^-[Co\,(NH^3)^5\,SO^4]^+.$$

Ces composés sont encore intéressants à un autre point de vue ils démontrent qu'un *ion bivalent* comme SO^{4--} *peut n'occuper qu'une seule position de coordination dans le noyau tout en saturant deux valences principales de l'atome central.* En effet, le cation cobaltisulfatopentammine n'étant plus qu'univalent, il faut en conclure que deux des trois valences principales du cobalt sont absorbées dans le noyau où elles ne peuvent l'être que par le radical SO^{4--} :

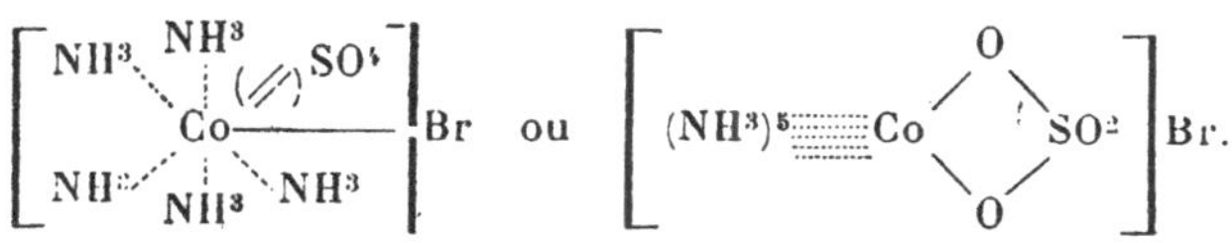

Autres exemples de ce genre d'isomérie :

$$Cl\left[Co\,(NH^3)^4\,{NO^2 \atop Cl}\right] \quad et \quad NO^2\left[Co\,(NH^3)^4\,{Cl \atop Cl}\right]$$

Chlorure de cobaltichloronitrotétrammine. Nitrite de cobaltidichlorotétrammine.

$$SO^4\,[Cr\,(H^2O)^5\,Cl] \quad et \quad Cl\,[Cr\,(H^2O)^5\,SO^4].$$

Sulfate de chromipentaquochloro. Chlorure de chromipentaquosulfato.

2. — *Les isomères d'hydratation.*

Ces isomères ne diffèrent que par le mode de liaison de leurs molécules d'eau. Celles-ci peuvent être fixées par des liaisons de coordination et faire partie intégrante du noyau, ou encore s'ajouter au complexe par des « liaisons d'hydratation », se comporter comme de l'eau de cristallisation et ne jouer aucun rôle dans la constitution du complexe proprement dit.

Nous avons déjà cité un exemple d'une telle isomérie quand nous avons parlé des hydrines (p. 39) : le chlorure de chrome hydraté à six molécules d'eau existe sous forme de trois isomères. Le premier s'obtient par action du chlorure de baryum sur le sulfate $(SO^4)^3Cr^2$; il est coloré en violet et donne trois anions Cl^- en solution. Ces trois ions sont en liaison ionique, ce qui permet aux six molécules d'eau d'occuper les six positions de coordination de l'atome de chrome :

$$Cl^3\,[Cr\,(H^2O)^6].$$

En chauffant la solution de ce sel, sa coloration passe du violet au vert. Cette transformation s'accompagne d'une chute de conductivité électrique, partant d'une diminution de la dissociation du sel : le nitrate d'argent n'en précipite plus qu'un seul atome de chlore. Comme ce sel cristallise en cristaux vert émeraude de constitution identique au sel violet, on en conclut que les deux atomes de chlore qui ne donnent plus leurs réactions caractéristiques ont dû pénétrer dans le noyau en chassant deux molécules d'eau ; mais ces molécules restent liées au complexe, car le sel ainsi formé possède une composition identique au chlorure de chromihexaquo dont il dérive. Force nous est de faire de ces molécules d'eau des molécules d'hydratation et d'écrire ce chlorure de chromidichlorotétraquo :

$$Cl\,[Cr\,(H^2O)^4\,Cl^2],\ (H^2O)^2.$$

Si nous faisons passer un courant de chlore dans la solution chauffée de ce chlorure de chromidichlorotétraquo bihydraté, nous obtenons le troisième isomère également vert, mais dont deux anions Cl^- sont décelables. Ce dernier a pour formule :

$$Cl^2\,[Cr\,(H^2O)^5\,Cl],\ H^2O.$$

La théorie des coordinations permet ainsi d'obtenir trois formules différentes, exprimant la même composition et rendant parfaitement compte des propriétés particulières de chacun des isomères.

Un autre exemple caractéristique de ce genre d'isomérie est donné par les deux sels de composition $Br^3Cr\,(en)^2(H^2O)^2$. L'un d'eux est brun-orangé et précipite tout son brome en solution, l'autre, rouge violacé ne précipite que les deux tiers du brome contenu dans sa molécule. Leurs formules seront :

$$Br^3\,[Cr\,(en)^2\,(H^2O)^2] \quad \text{et} \quad Br^2\,[Cr\,(en)^2\,(H^2O)\,Br],\ H^2O.$$

3. — *Les isomères de coordination.*

Cette isomérie est due à une répartition différente des groupes coordonnés entre les atomes centraux.

Le cas le plus simple est représenté par les formules générales :

$$[Me'X^6]\ [Me\ A^6] \text{ isomère de } [Me\ X^6]\ [Me'\ A^6]$$

où A désigne un groupement neutre comme NH^3, (en),... et X un radical acide.

Appartiennent à cette classe d'isomère :

$$[Cr\ (CN)^6]^{---}\ [Co\ (NH^3)^6]^{+++}$$

Chromihexacyanure de cobaltihexammine

et son isomère $[Co\ (CN)^6]^{---}\ [Cr\ (NH^3)^6]^{+++}$

Cobaltihexacyanure de chromihexammine

ainsi que les sels dérivés par la substitution de radicaux oxaliques aux radicaux cyanés et de molécules d'éthylènediamine aux molécules d'ammoniaque ; tous couples d'isomères qui se différencient par leur couleur : les cobaltiates étant verts et les sels de cobalt bruns.

Ce genre d'isomérie peut même se produire avec des complexes à atomes centraux d'une seule espèce, à la suite d'un partage particulier des différents groupes coordonnés entre l'anion et le cation

$$[MeX^6]^{---}\ [MeA^6]^{+++} \text{ isomère de } [MeA^2X^4]^-\ [MeA^4X^2]^+$$

comme

$$[Cr\ (C^2O^4)^3]^{---}\ [Cr\ (NH^3)^6]^{+++}$$

$$\text{et } [Cr\ (NH^3)^2\ (C^2O^4)^2]^-\ [Cr\ (NH^3)^4\ (C^2O^4)]^+$$

4. — *Les stéréoisomères.*

Les stéréoisomères se différencient souvent par leur couleur, alors que leurs propriétés analytiques ou leur dissociation électrolytique ne permettent pas d'y déceler une distinction. Comme leurs propriétés chimiques sont complètement semblables, il ne convient pas d'expliquer cette isomérie par des formules de structures dissemblables ; mais on peut supposer que celle-ci a pour origine une différence dans la répartition spatiale des composants du complexe, dont la représentation plane ordinaire ne rend pas compte.

La manière la plus simple de nous représenter une ammine hexacoordonnée — $Cl^3[Co(NH^3)^6]$ par exemple — comme un solide géométrique, consiste à répartir les six molécules coordonnées en des positions symétriques à égales distances de l'atome central. Cette condition est remplie quand on figure la molécule comme un octaèdre dont l'atome central occupe le centre et les six groupes coordonnés, les sommets (fig. 3).

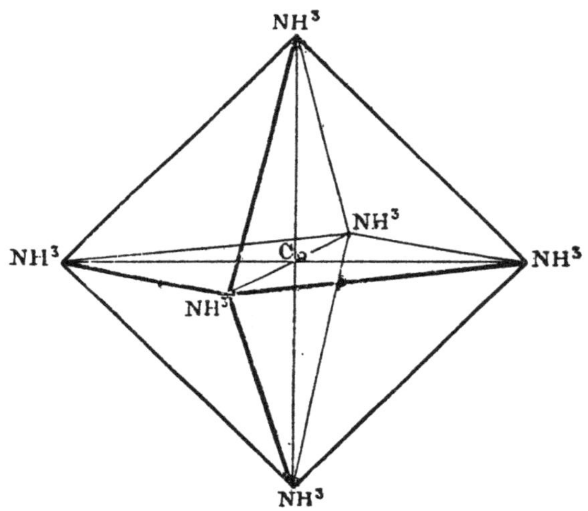

Fig. 3. — Stéréoisomérie du cobalt.

Les radicaux en liaison ionique ne sont pas représentés dans cette figure : toutes leurs propriétés prouvent qu'ils ne prennent aucune part à la constitution du noyau ; ils sont attachés au complexe par des liaisons mobiles, mal définies.

L'hypothèse de l'architecture octaédrique du noyau est justifiée par la clarté qu'elle projette sur une série de phénomènes d'isomérie qui, sans elle, resteraient inexplicables ; aucun fait, jusqu'à présent, ne s'est trouvé en contradiction avec elle ou n'a nécessité une autre hypothèse ; au contraire, elle a permis de prévoir de nouveaux isomères qu'on a pu préparer dans la suite.

Mais cette hypothèse n'est pas la seule possible ; en disposant les groupes coordonnés en une chaîne benzénique autour de l'atome central, on peut également prévoir l'existence d'un certain nombre d'isomères. Seulement dans ce cas, un complexe du type MeA^4B^2, comme les dérivés bihalogénés du benzène $C^6H^4R^2$, devrait exister sous forme de trois isomères : un composé ortho, un méta et un para :

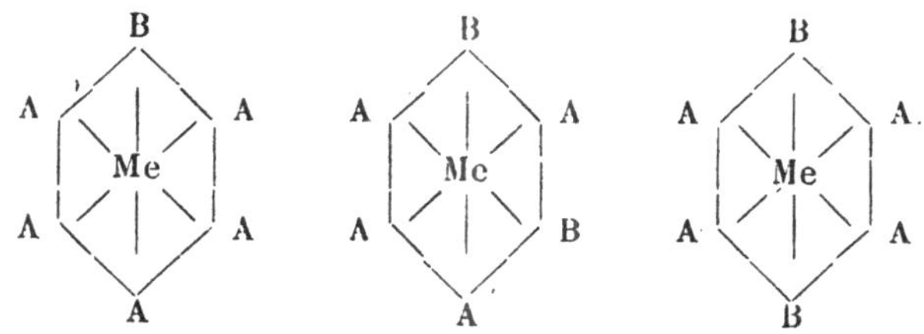

et ceux du type MeA^3B^3 devraient comprendre trois formes isomères :

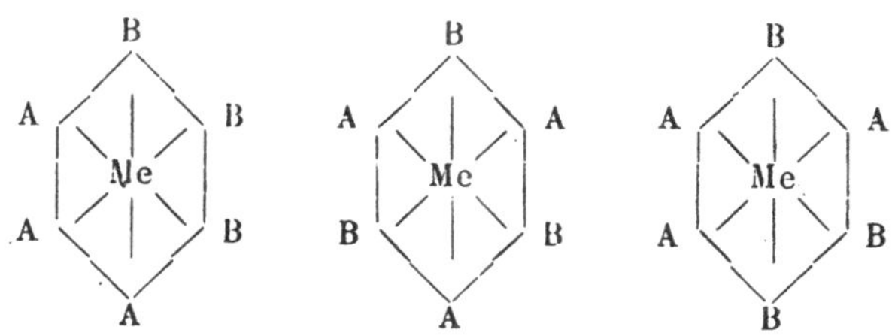

Or jamais on n'est parvenu à isoler plus de deux isomères de ces deux séries de sels ; ce qui est conforme à la théorie de la répartition octaédrique, laquelle semble bien être l'expression de la réalité.

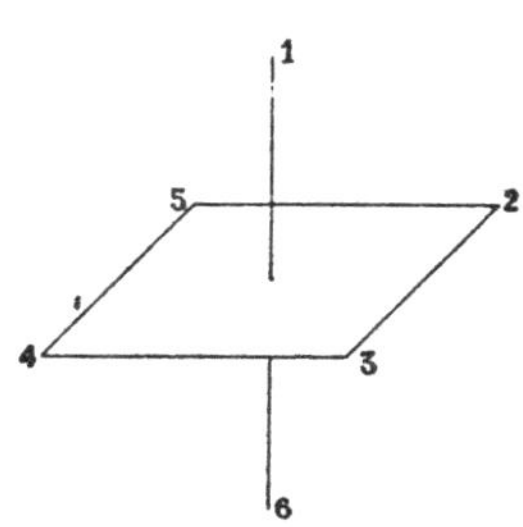

Fig. 4. — Numérotage des sommets de l'octaèdre.

Dans la suite nous représenterons l'octaèdre des ammines sous la forme simplifiée de la fig. 4, en négligeant la désignation de l'atome central et en numérotant les sommets de l'octaèdre dans l'ordre indiqué ci-dessus.

A. — Stéréoisoméries du type MeA^4B^2

Appliquons notre formule spatiale à un exemple concret, aux trois noyaux d'ammines :

$$\underset{I}{[Co(NH^3)^6]} \qquad \underset{II}{[Co(NH^3)^5(NO^2)]} \qquad \underset{III}{[Co(NH^3)^4(NO^2)^2]}$$

Le noyau I ne peut exister que sous la forme (fig. 5) :

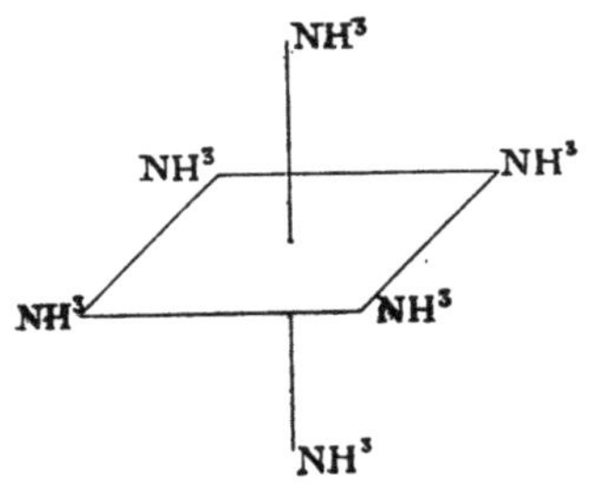

Fig. 5. — Cobaltihexammine.

Il en est de même du noyau II (fig. 6) :

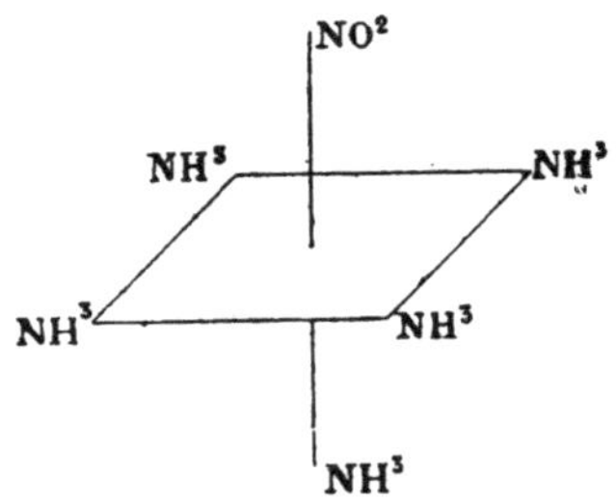

Fig. 6. — Cobaltinitropentammine.

quelle que soit la postion occupée par le radical NO^2.

Le noyau III admet deux figures spatiales non superposables (fig. 7 et 8) :

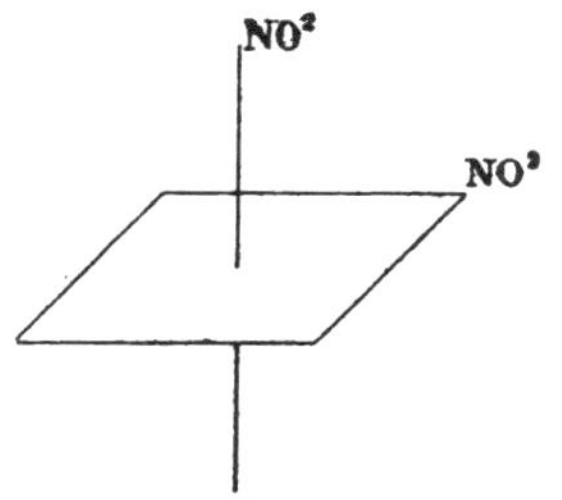

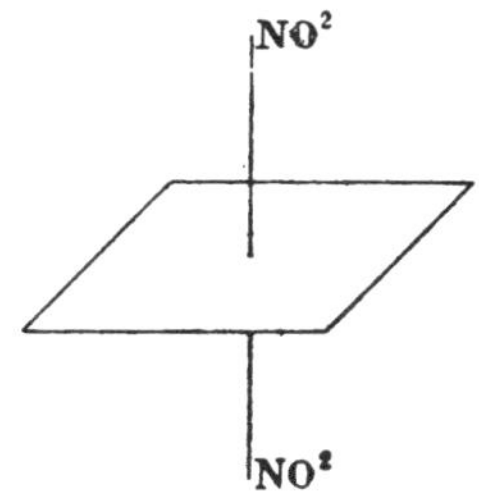

Fig. 7. Fig. 8.
Cobaltidinitrotétrammine.
1,2 1,6

et donne lieu à une stéréoisomérie ; effectivement il existe deux sels de formule $Cl[Co(NH^3)^4(NO^2)^2]$: un sel brun, le sel flavo, et un jaune, le sel crocéo. Nous verrons dans la suite comment on détermine lequel de ces deux sels possède ses groupements NO^2 en position « trans » ou « axiale » (1,6) et lequel les a en position « cis » ou « latérale » (1,2).[1]

De nombreux complexes du cobalt et du chrome ont une

1. On facilite de beaucoup les raisonnements sur les stéréoisoméries en se servant de « modèles stéréochimiques ». On peut s'en fabriquer soi-même en représentant l'atome central par un bouchon et les six positions de coordination par des billes de verre colorées fixées au bout d'épingles que l'on plante symétriquement dans le bouchon. Les modèles ainsi formés ont à peu près l'aspect que voici (fig. 9, 10 et 11) :

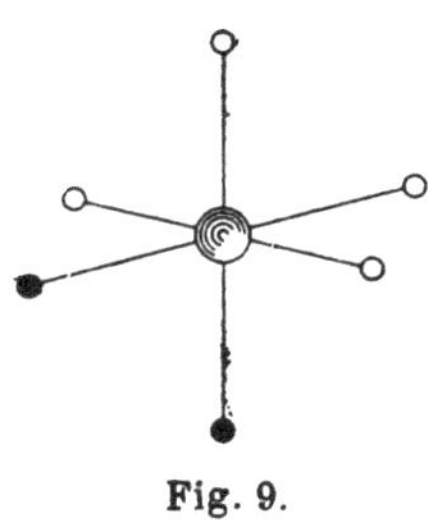

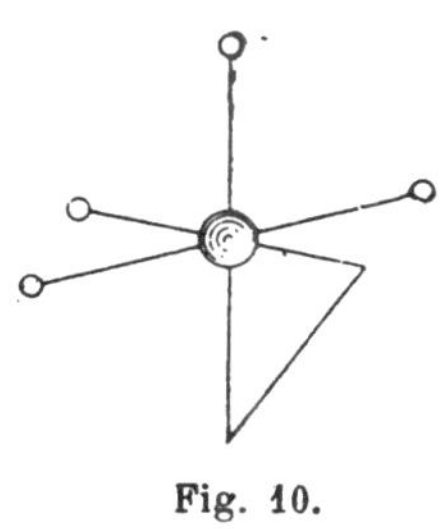

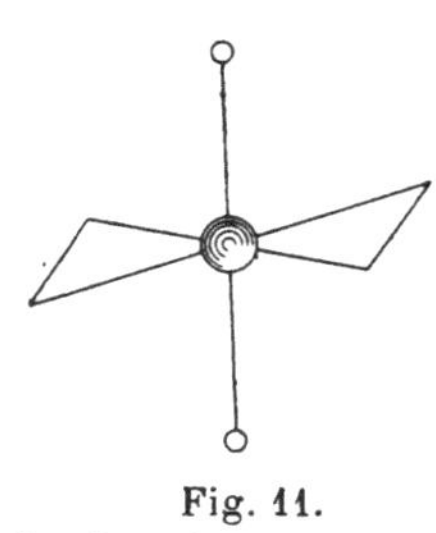

Fig. 9. Fig. 10. Fig. 11.
Modèles stéréochimiques, à réaliser avec des bouchons et des épingles à tête de verre.

constitution analogue aux sels de cobaltidinitrotétrammine.

Ainsi, les sels de cobaltidinitrodiéthylènediamine obtenus par substitution de deux molécules d'éthylènediamine : $NH^2.CH^2.CH^2.NH^2$, aux quatre molécules d'ammoniaque du cobaltidinitrotétrammine :

$$X\ [Co\ (en)^2\ (NO^2)^2]$$

et auquel correspond également une série de sel flavo et une de crocéo.

Quand on remplace les radicaux NO^2- des complexes cités par des atomes de chlore ou de brome, les sels ainsi formés donnent également deux séries d'isoméries : une série de sels violéo, colorés en violet, et une série de sels praséo, verts. C'est ce qui a lieu avec les complexes $X\ [Co(en)^2Cl^2]$ et $X\ [Cr(en)^2Cl^2]$. Si nous remplaçons les atomes de chlore ou de brome de ce sel de chromi par des radicaux sulfocyanés, on obtient le complexe $X\ [Cr(en)^2(SCN)^2]$ qui existe sous une forme rouge orangée et une autre jaune orangé.

Pour comprendre comment se distingue la formule spatiale qui correspond à un sel déterminé, par exemple au sel de flavo ou de crocéo, de violéo ou de praséo, référons-nous à l'exemple classique de la stéréoisomérie des acides fumarique et maléique, tous deux de formule COOH — CH = CH — COOH.

Nous pouvons représenter COOH — CH = CH — COOH sous les deux formes développées :

$$\begin{array}{c} H-C-COOH \\ \| \\ H-C-COOH \\ \text{cis} \end{array} \quad \text{et} \quad \begin{array}{c} COOH-C-H \\ \| \\ H-C-COOH \\ \text{trans} \end{array}$$

qui ne sont pas identiques ainsi qu'on peut s'en rendre compte en utilisant la représentation tétraédrique de l'atome de carbone (fig. 12 et 13).

Seul l'acide maléique est capable de donner, par perte d'une molécule d'eau, un anhydride. Comme cette molécule d'eau s'élimine entre deux radicaux acides, il est raisonnable de supposer que cette élimination s'effectue plus aisément entre deux radicaux voisins l'un de l'autre, ce qui revient à attribuer à l'acide maléique la forme I.

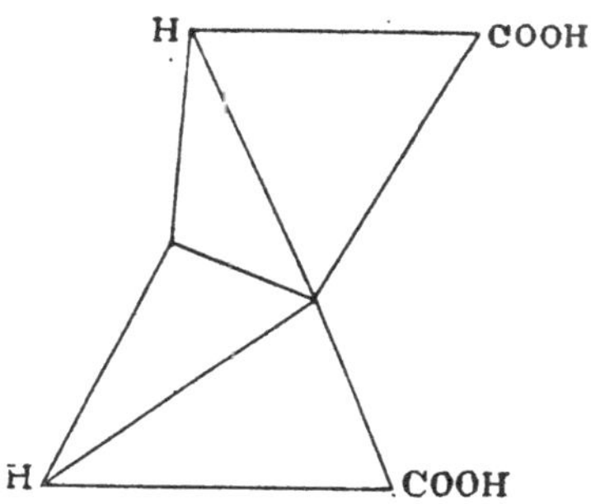

Fig. 12.
I. — Acide maléique.
Forme I (cis).

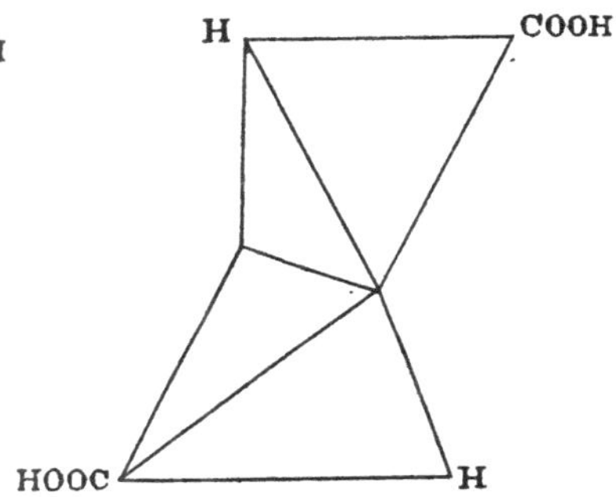

Fig. 13.
II. — Acide fumarique.
Forme II (trans).

La création des chaînes fermées entre deux radicaux carboxyle voisins :

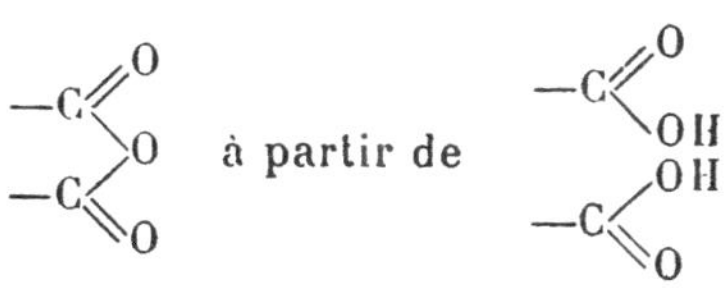

s'observe souvent en chimie organique.

En voici un exemple typique.

Des quatre acides : oxalique, malonique, succinique et glutarique, de formules :

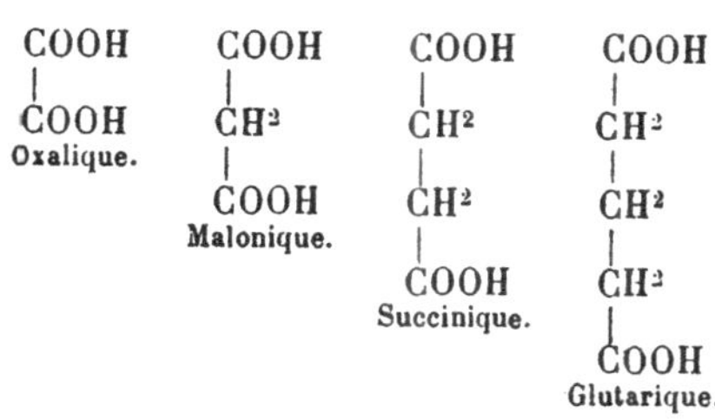

il semblerait à première vue que ce soient l'acide oxalique et malonique qui donneraient le plus aisément un anhydride par perte d'une molécule d'eau, leurs groupements COOH étant les plus rapprochés. Mais utilisons la représentation tétraédrique et nous reconnaîtrons l'erreur d'une telle assertion (fig. 14, 15, 16 et 17) :

Fig. 14.
Acide oxalique.

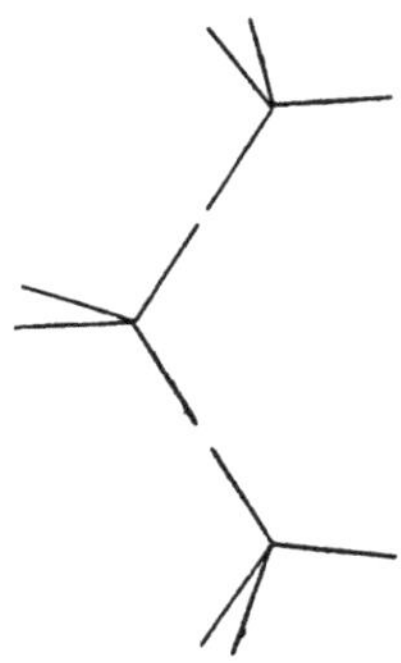

Fig. 15.
Acide malonique.

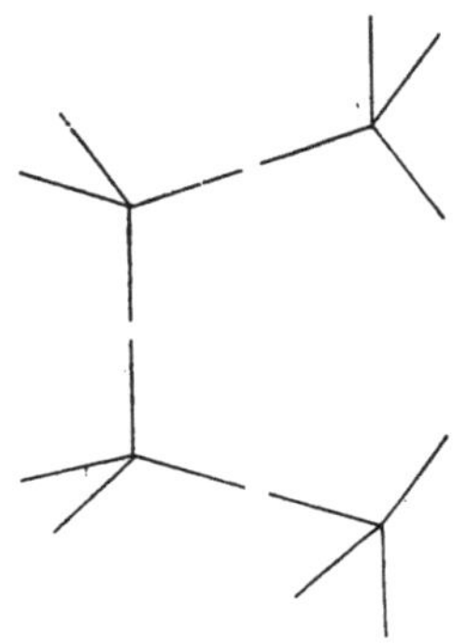

Fig. 16.
Acide succinique.

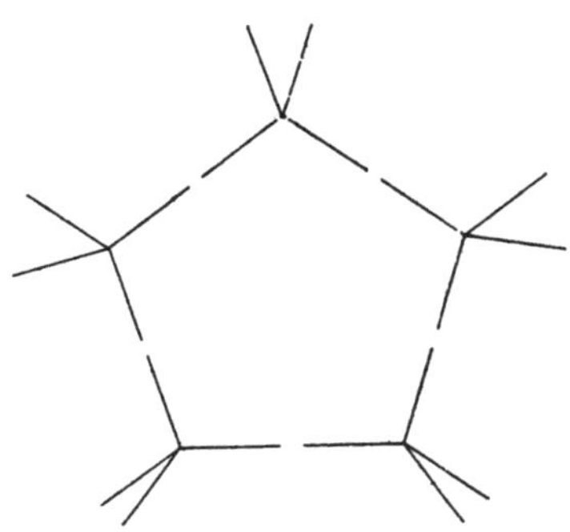

Fig. 17. — Acide glutarique.

Il apparaît alors nettement que ce sont au contraire les acides succinique et glutarique qui ont leurs radicaux carboxyle les plus voisins et qui auront donc une tendance plus marquée à perdre une molécule d'eau. C'est ce qui a lieu effectivement.

Werner a appliqué ces considérations aux stéréoisomères inorganiques ; les ammines, entre autres, pouvant également donner des composés renfermant des chaînes fermées, comme la carbonato ou l'oxalatotétrammine, par exemple.

Quand le radical oxalique

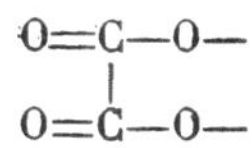

pénètre dans un noyau, celui-ci contiendra évidemment une chaîne fermée :

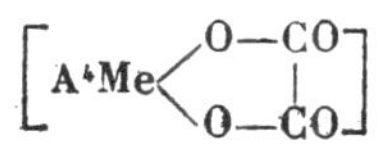

mais cette chaîne peut être liée à l'atome central de deux manières (fig. 18 et 19) :

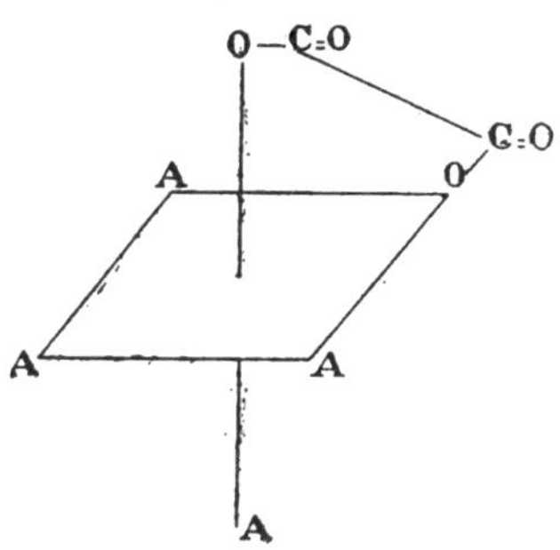

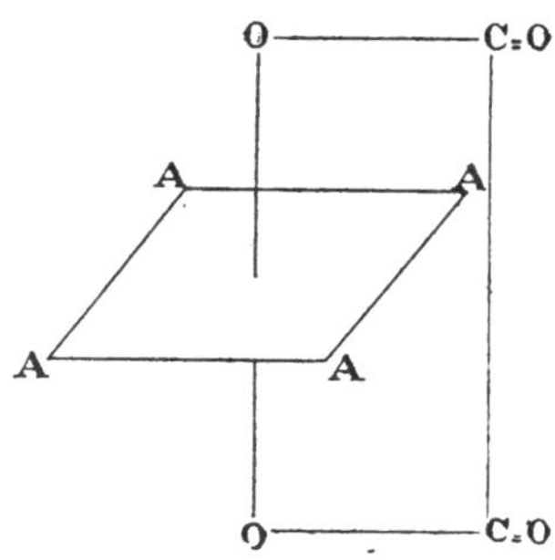

Fig. 18. Fig. 19.

Stéréoisomérie des complexes oxalato.

Forme I (cis). Forme II (trans).

Par analogie avec le comportement des composés organiques, nous attribuons à l'oxalatotétrammine la forme I, l'établissement d'une chaîne entre deux positions de coordinations éloignées étant infiniment moins probable. Ceci se justifie d'ailleurs par l'absence de stéréoisomères de ce sel qui n'existe que sous la forme « cis », quoique appartenant au type MeA^4B^2 (voir paragraphe 5).

On observe la même particularité avec les carbonatotétrammines dont le noyau contient également une chaîne fermée :

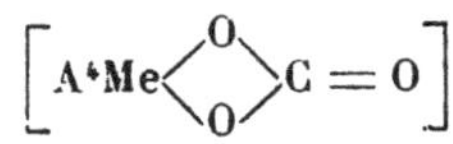

D'ailleurs le carbonato et l'oxalatodiéthylènediamine possèdent tous deux un pouvoir rotatoire marqué, propriété qui n'appartient qu'aux composés « cis » (v. paragraphe 5).

Ainsi s'étaye la certitude que les sels de carbonato et d'oxalato sont des composés « cis ».

Et tous les complexes qui sont en relation génétique avec eux, soit qu'ils en dérivent directement ou indirectement, soit qu'ils puissent se transformer eux-mêmes en sels carbonato ou oxalato, le seront également.

On en déduit une méthode facile pour discerner la configuration d'un stéréoisomère.

Ainsi, les sels flavo, qu'on obtient en traitant un sel oxalato ou carbonato par l'acide chlorhydrique dilué (qui le transforme en diaquo « cis »), puis par l'acide nitreux :

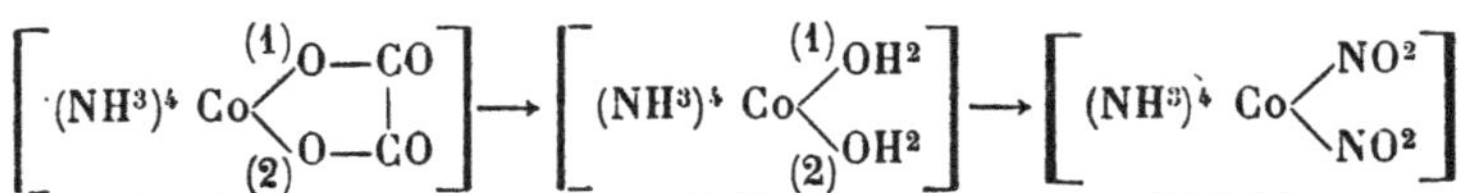

I. Carbonato. II. Diaquo. III. Sel flavo.

ont bien la forme « cis », tandis que leurs stéréoisomères, les sels crocéo, auront la forme « trans » (fig. 20 et 21) :

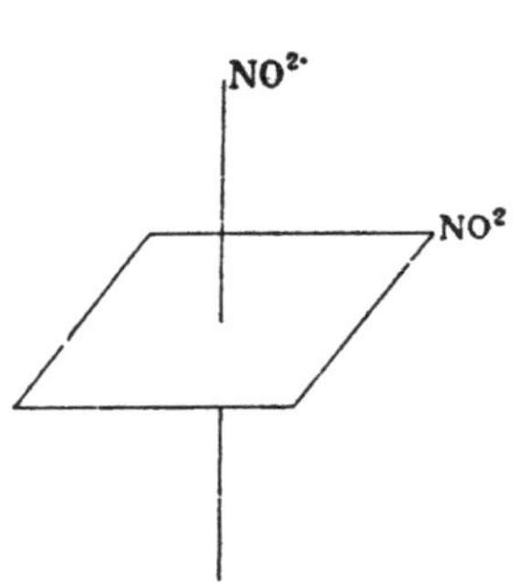

Fig. 20.
Sels flavo.

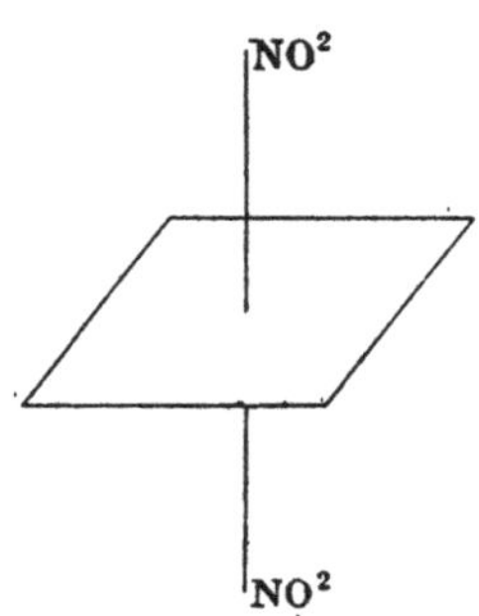

Fig. 21.
Sels crocéo.

En effet, ces sels crocéo ne s'obtiennent jamais à partir de sel de diaquo 1,2 ; on peut les former par l'action de l'acide nitreux sur un sel de diaquo 1,6 ou un sel de cobaltinitropentammine :

$$(NO^2)^2\,[Co\,(NH^3)^5\,(NO^2)] + NO^2H \longrightarrow$$

$$NO^2 \left[(NH^3)^4\,Co \begin{matrix} {}^{(1)}NO^2 \\ {}_{(2)}NO^2 \end{matrix} \right] + 2\,H^2O + N^2 ;$$

ils n'ont aucune relation directe avec les sels de carbonato ou d'oxalato.

La configuration des sels violéo et praséo se détermine de la même manière. L'action de l'acide chlorhydrique concentré sur un sel carbonato donne d'abord une solution violette qui passe rapidement au vert en donnant un complexe praséo. Le sel violéo, qui ne se conserve pas en milieu acide, se forme en premier lieu, c'est lui qui colore la solution en violet et qui possède la configuration « cis ».

$$(en)^2Co \begin{matrix} {}^{(1)}O \\ {}_{(2)}O \end{matrix} CO + 2\,ClH \longrightarrow (en)^2Co \begin{matrix} {}^{(1)}Cl \\ {}_{(2)}Cl \end{matrix} + H^2O + CO^2.$$

La représentation spatiale de ces deux stéréoisomères sera (fig. 22 et 23) :

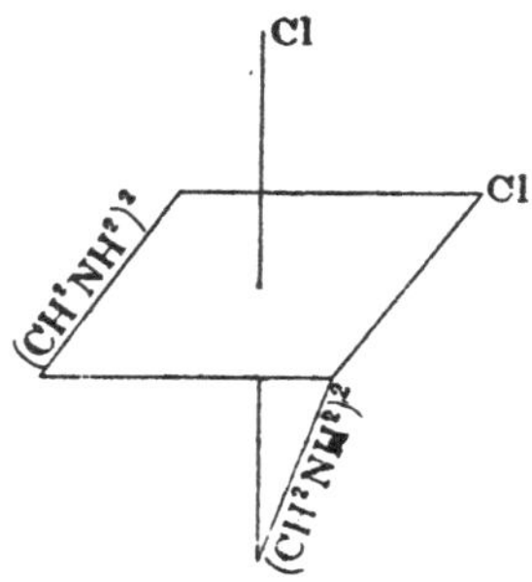

Fig. 22.
Sels violéo.

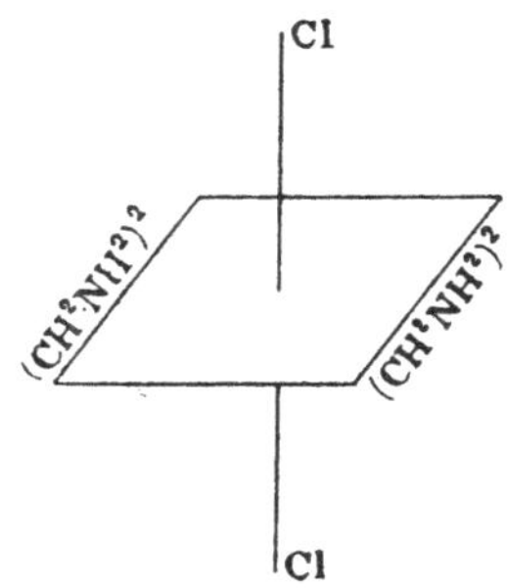

Fig. 23.
Sels praséo.

La configuration « cis » des sels violéo se vérifie par le fait qu'on les obtient en chauffant prudemment le chlorure de cobaltisulfitodiéthylènediamine (qui correspond à la série « cis », car il contient une chaîne fermée dans sa molécule) avec de l'acide chlorhydrique concentré (fig. 24) :

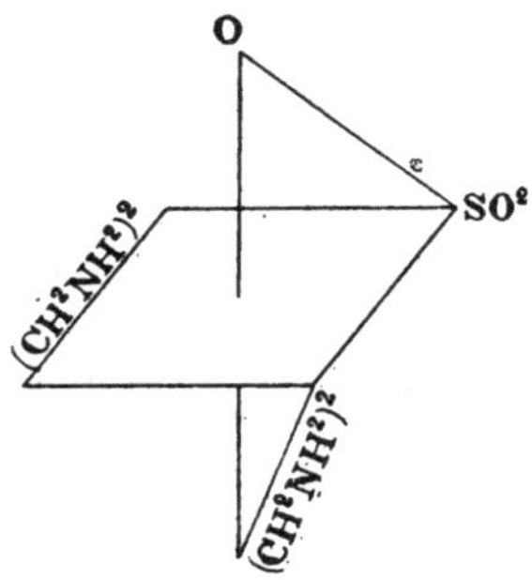

Fig. 24. — Chlorure de cobaltisulfitodiéthylènediamine.

Enfin pour expliquer les deux isomères jaune et orangé du complexe $Cl^4Pt(NH^3)^2$, dont les propriétés chimiques attribuent à tous deux la même formule $\begin{matrix} & NH^3 & \\ \begin{matrix} Cl. \\ Cl. \end{matrix} & Pt & \begin{matrix} .Cl \\ .Cl \end{matrix} \\ & NH^3 & \end{matrix}$, qui ne permet pas d'envisager une différence dans leur structure, nous pouvons les considérer comme des stéréoisomères. Ce qui n'a rien d'étonnant, attendu que ces complexes appartiennent à la série MeA^4B^2. Les deux configurations seront (fig. 25 et 26) :

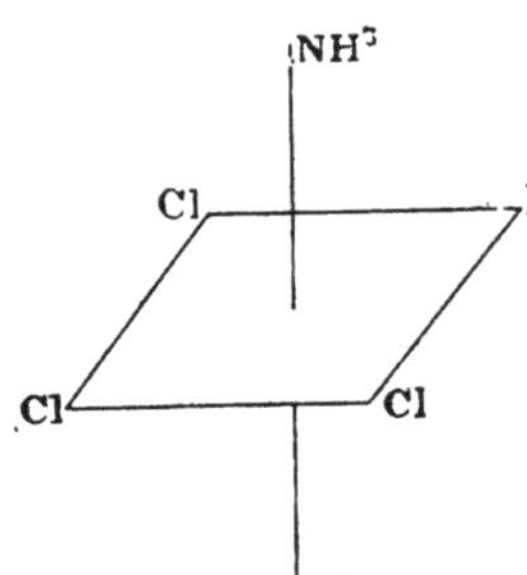

Fig. 25.

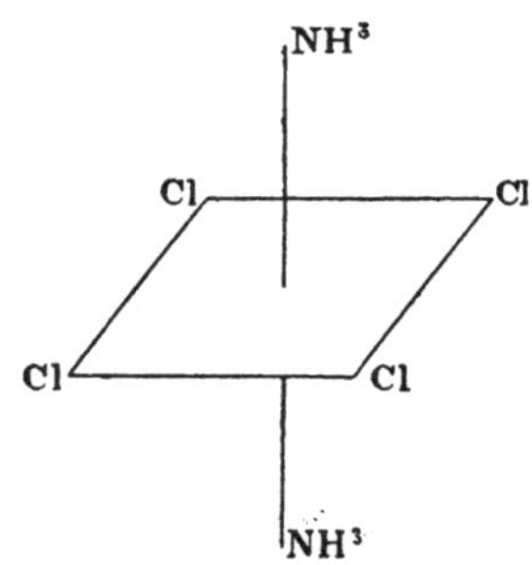

Fig. 26.

Platitétrachlorodiammine.

cis (orangé). trans (jaune).

sans qu'une détermination directe de leur configuration n'ait pu être réalisée jusqu'ici ; mais on se base pour cela sur la parenté de ces complexes avec le platodichlorodiammine, dont les formes « cis » et « trans » sont bien déterminées et à partir desquels on obtient les deux platitétrachlorodiammine par chloruration.

B. — Stéréoisoméries du type MeA^2B^2

Le type de complexe MeA^2B^2 est présenté surtout par les complexes du platine, du palladium et du cuivre bivalents [1] :

$[Pt(NH^3)^2Cl^2]$	$[Pd(py)Cl^2]$	$[Cu(NH^3)^2(CNS)^2]$
Platodichlorodiammine.	Palladodichloropyridine.	Cuprodisulfocyanodiammine.

Le premier de ces sels existe sous deux formes stéréoisomères auxquelles il convient de donner une représentation spatiale.

Celle-ci peut revêtir deux aspects. On peut placer l'atome central au centre d'un tétraèdre, comme l'atome de carbone en chimie organique, ou au centre d'un carré dont les quatre sommets représentent les positions de coordination (fig. 27 et 28) :

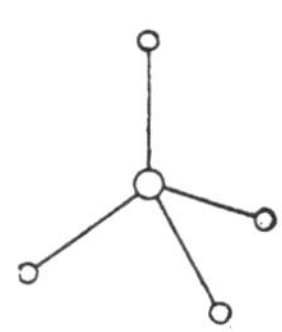

Fig. 27.
I. Représentation tétraédrique.

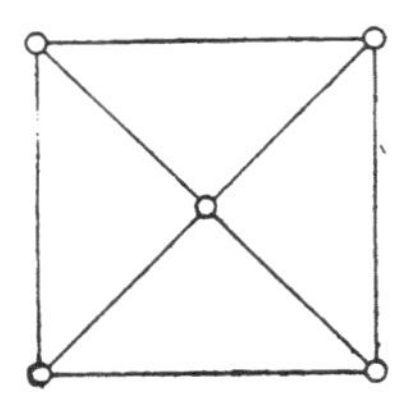

Fig. 28.
II. Représentation carrée.

A chacune de ces représentations correspond un nombre différent d'isomères. La stéréochimie du carbone enseigne que la disposition tétraédrique n'admet d'isoméries que lorsque les quatre sommets sont occupés par des groupements différents, c'est-à-dire que le composé appartient au type (MeABCD). On peut alors construire deux images qui présentent une symétrie

1. py représente une molécule de pyridine C^5H^5N.

de mirage comme (1) et (2) et qui ne sont pas superposables (fig. 29 et 30) :

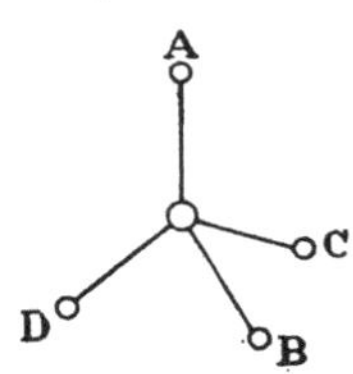

(1)
Fig. 29.

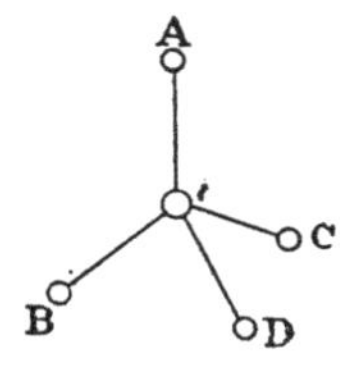

(2)
Fig. 30.

Stéréoisomérie du type Me (ABCD).

Mais le type MeA^2B^2 n'admet pas d'isomères sous cette représentation car on peut toujours amener de tels tétraèdres à se superposer : il suffit de faire pivoter le tétraèdre (4) d'un angle de 120° autour de l'axe A, pour voir qu'il est identique au tétraèdre (3) (fig. 31 et 32) :

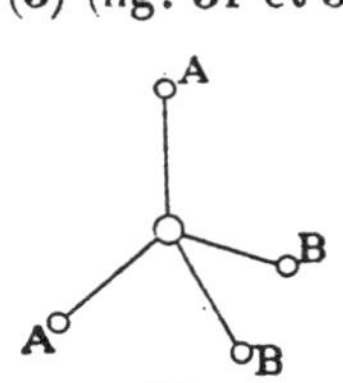

(3)
Fig. 31.

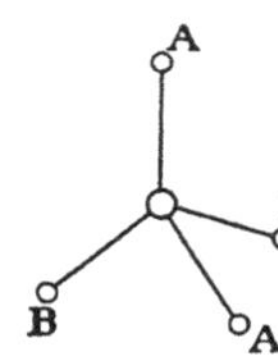

(4)
Fig. 32.

Stéréoisomérie du type MeA^2B^2.

La représentation carrée fournit avec le même type MeA^2B^2, deux images non superposables :

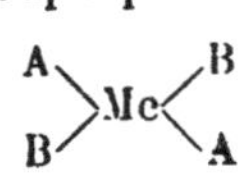

et

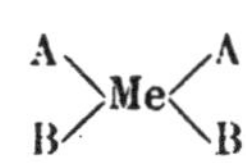

trans cis

auxquelles devraient correspondre une paire de stéréoisomères.

Or il existe deux isomères de platodichlorodiammine, ce qui prouve que les molécules des complexes tétracoordonnés se présentent sous la forme II (fig. 28).

La détermination de la configuration des stéréoisomères du complexe $Pt(NH^3)^2Cl^2$ est intéressante :

On traite les deux stéréoisomères, dont l'un est jaune soufre — désignons cette forme par α — et l'autre jaune orangé — la forme β —, par la pyridine : deux molécules pénètrent dans le noyau en chassant les atomes de chlore vers la seconde sphère et chaque isomère donne un complexe différent de formule :

$$Cl^2\left[Pt\begin{matrix}\diagup (NH^3)^2\\ \diagdown (py)^2\end{matrix}\right]$$

Si nous chauffons ceux-ci, il se dégage de l'ammoniaque et de la pyridine, mais celui qui provient de β se décompose en donnant l'isomère α du chlorure de platoamminepyridine :

$$Cl^2\left[Pt\begin{matrix}\diagup (NH^3)^2\\ \diagdown (py)^2\end{matrix}\right] \longrightarrow py + NH^3 + Cl^2Pt\begin{matrix}\diagup NH^3\\ \diagdown py\end{matrix};$$

celui qui provient d'α donne un mélange de chlorure de platodiammine et de platodipyridine, tous deux sous la forme α :

$$2Cl^2\left[Pt\begin{matrix}\diagup (NH^3)^2\\ \diagdown (py)^2\end{matrix}\right] \longrightarrow 2\,py + 2\,NH^3 + Cl^2Pt\begin{matrix}\diagup NH^3\\ \diagdown NH^3\end{matrix} + Cl^2Pt\begin{matrix}\diagup py\\ \diagdown py.\end{matrix}$$

Supposons pour un instant que la forme α soit la forme « trans » et étudions les transformations du platodichlorodiammine avec cette hypothèse.

α donnera avec la pyridine la réaction :

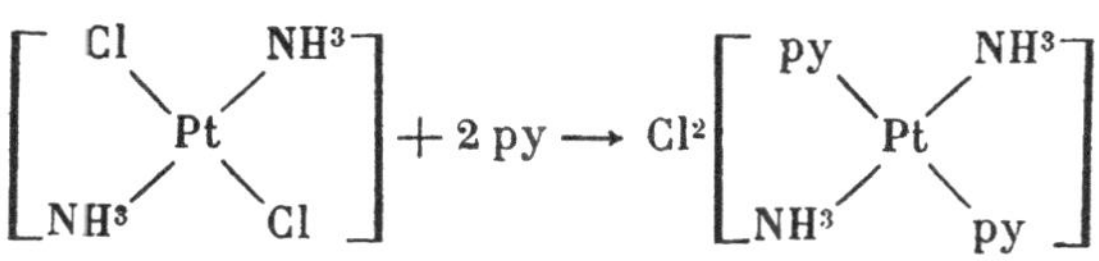

Ce complexe peut passer au dichloro « trans » (forme α), de deux manières :

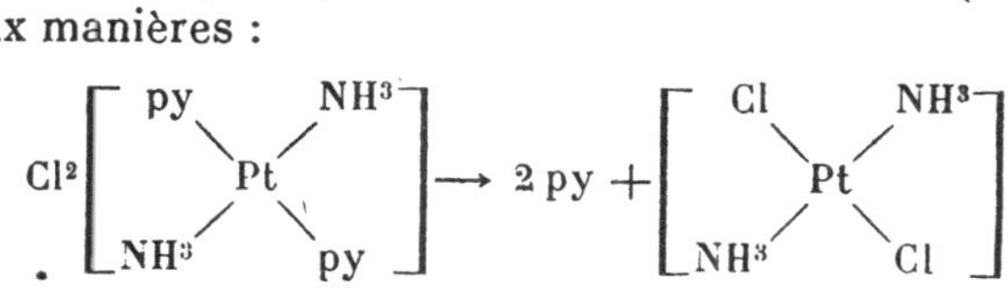

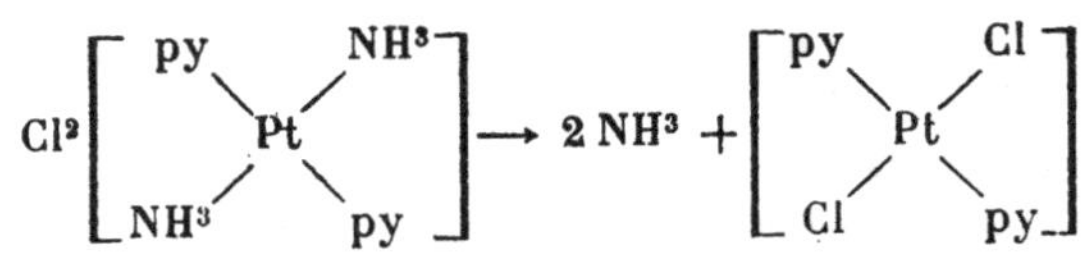

La combinaison de la forme β avec la pyridine se fera :

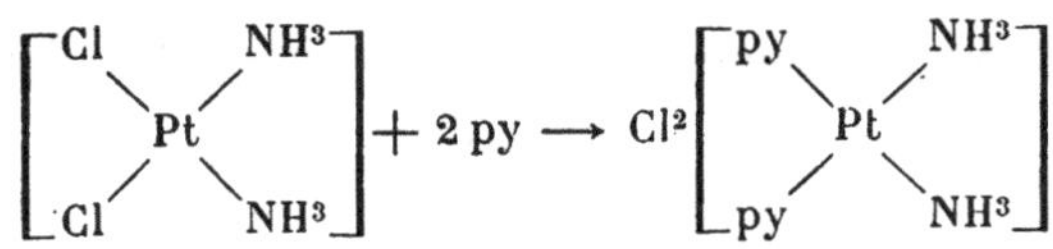

et le passage à la forme dichloro « trans » ne pourra s'effectuer que d'une seule manière :

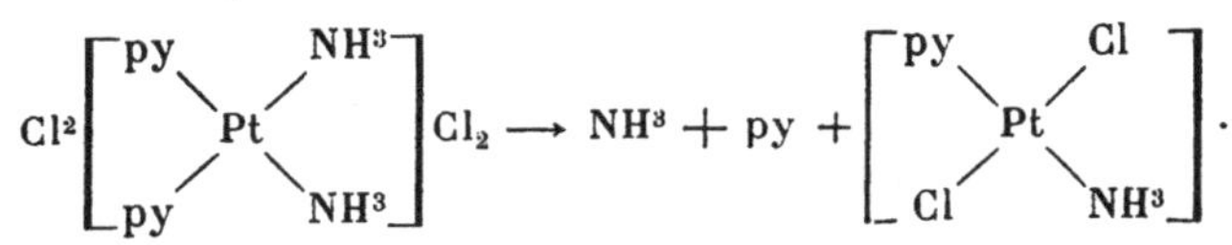

Or la marche des réactions est conforme à ce que notre hypothèse prévoit ; elle justifie donc notre configuration.

C. — Stéréoisomères du type MeA^3B^3

Nous avons déjà signalé au début de ce chapitre que la représentation octaédrique d'un complexe du type MeA^3B^3 prévoit l'existence de deux isomères (fig. 33 et 34) :

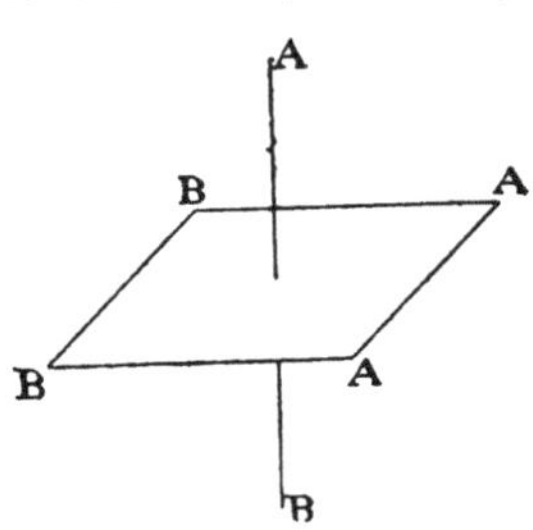

Fig. 33.

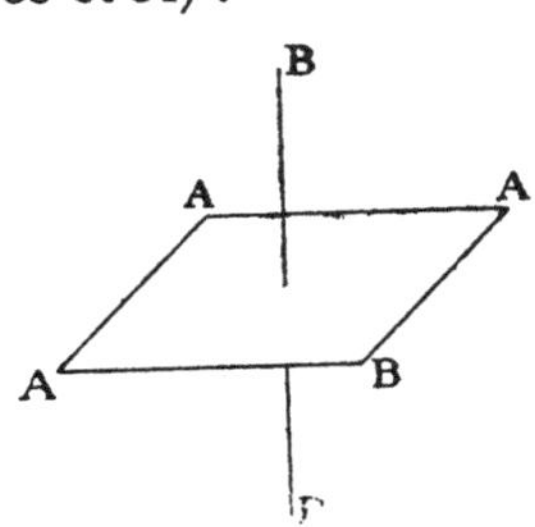

Fig. 34.

Stéréoisomérie du type MeA^3B^3.

Forme I. Forme II.

Les trois A sont situés aux extrémités d'une même face dans la configuration I et ne le sont pas dans la configuration II.

Parmi les quelques représentants connus de ce type, citons le complexe

$$\left[Co\ \begin{matrix}(OH)^3\\(NO^2)^3\end{matrix}\right]Me^3$$

dont les deux isomères isolés n'ont pas encore pu être identifiés. L'existence de ces deux isomères est une nouvelle confirmation de la théorie octaédrique.

5. — *Les isomères de mirage.*

Quand, dans un complexe du type MeA^4B^2, on substitue deux groupements bivalents comme l'éthylènediamine aux quatre groupes A, la représentation octaédrique prévoit une nouvelle forme d'isomérie. La forme « cis » présente deux configurations symétriques non superposables (fig. 35 et 36), quoique la disposition des composants par rapport à l'atome central soit la même dans chacune d'elles (formes énantiomorphes).

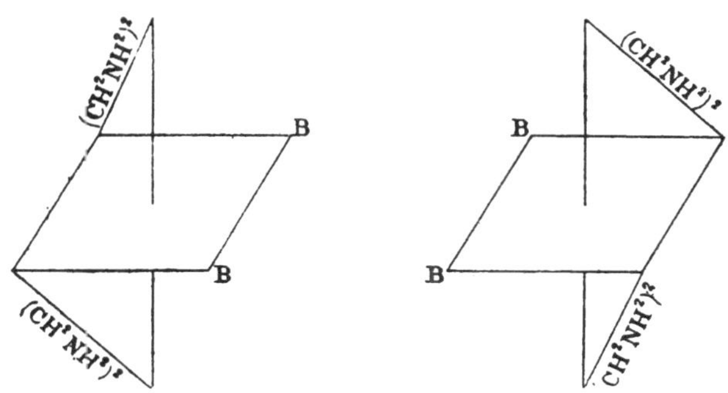

Fig. 35. Fig. 36.

Isomères optiques de la forme cis.

Effectivement, il existe deux isomères « cis » de tous les complexes du type MeA^4B^2 qui contiennent deux radicaux bivalents ; ce qui confirme une fois de plus la nécessité des formules octaédriques. L'absence de tels isomères pour la forme « trans » nous persuade davantage qu'elles expriment bien la réalité, car la configuration « trans » ne peut présenter deux formes non superposables (fig. 37).

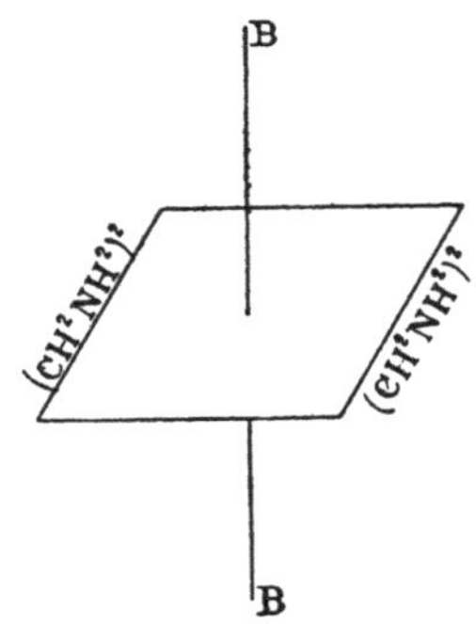

Fig. 37. — Absence d'isomérie optique de la forme trans.

L'asymétrie des deux isomères « cis » n'est pas décelable par des propriétés chimiques; seuls l'énantiomorphisme de leurs cristaux et le sens suivant lequel ils dévient le plan de la lumière polarisée, aussi bien à l'état solide qu'en solution, permettent de les distinguer. Ce sont des « isomères optiques » : celui qui dévie le plan de la lumière polarisée vers la gauche est appelé « lévogyre » (*l*), l'autre, « dextrogyre » (*d*).

Ces antipodes optiques se forment généralement en mélange équimoléculaire racémique sans effet sur la lumière polarisée. Leur séparation s'effectue, comme pour les mélanges racémiques des composés organiques, à l'aide de bases ou d'acides optiquement actifs. Les sels ainsi formés :

$$A^d + B^d = (A^dB^d)$$
$$A^d + B^l = (A^dB^l)$$

se différencient par leur solubilité et peuvent être séparés par cristallisation fractionnée.

On utilise comme bases : la quinine, la strychnine et la cinchonine ; comme acides : les acides tartrique, camphosulfonique ou bromocamphosulfonique.

Pour effectuer le dédoublement d'un chlorure racémique, on le traite par le bromocamphosulfonate d'argent dextrogyre qui précipite le chlore sous forme de chlorure d'argent, et se combine aux deux isomères pour former deux bromocamphosulfonates (*dd* et *dl*), séparables par cristallisation fractionnée.

Les complexes

$$X\,[Co(en)^2Cl^2]\;;\;X\,[Co(en)^2(NO^2)^2]\;;\;X\,[Co(NH^3)^2(en)^2]$$

et leurs correspondants du chrome présentent tous l'isomérie de mirage. Ils donnent tous une isomérie cis-trans dont seule la forme « cis », c'est-à-dire les sels violéo et flavo, sont dédoublables en inverses optiques.

Pour terminer, cette preuve de l'impossibilité de la formation d'une chaîne fermée entre deux positions « trans », qui montre jusqu'à quel point la théorie wernerienne est cohérente et combien elle s'accorde harmonieusement avec les faits : les complexes carbonato et oxalatodiéthylènediamine du cobalt et du chrome ne fournissent pas d'isomérie cis-trans mais peuvent exister sous deux formes stéréoisomères (fig. 38 et 39). Cette stéréoisomérie n'est compatible qu'avec la forme « cis » et prouve bien que dans ces complexes les chaînes carbonato et et oxalato ne relient jamais des positions 1,6.

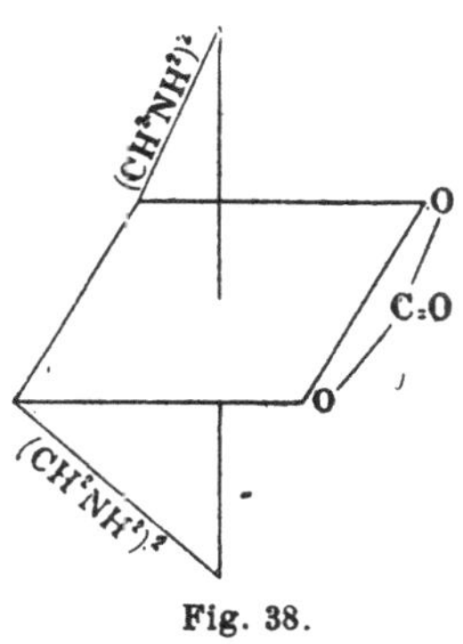

Fig. 38.

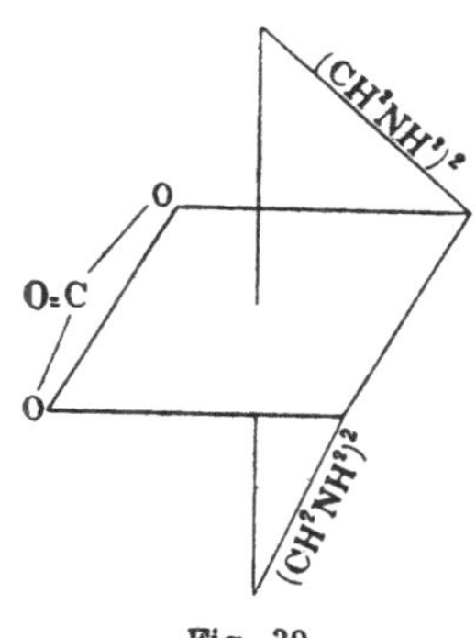

Fig. 39.

Isomères optiques des complexes carbonatodiéthylènediamine.

Le même cas se présente encore pour les complexes $X[Me(en)^3]$ et $\left[Cr\left(\left<\begin{matrix}O-C=O\\ |\\ O-C=O\end{matrix}\right)^3\right]K^3$ qui, d'après les schèmes 40 et 41, ne peuvent former comme isomères que des antipodes optiques :

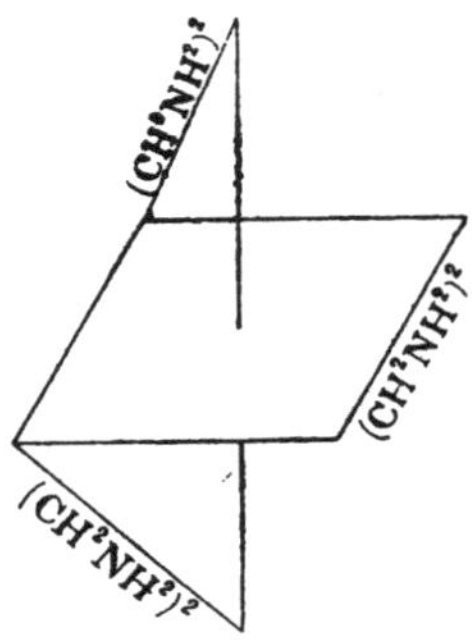

Fig. 40.

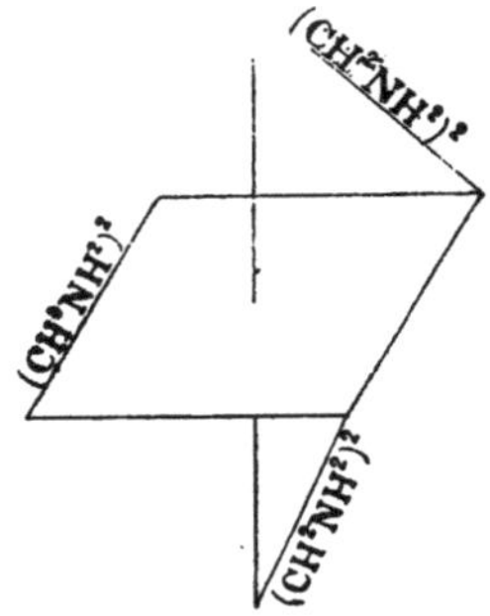

Fig. 41.

Isomères optiques des complexes triéthylènediamine.

TABLE DES MATIÈRES

PREMIÈRE PARTIE

INTRODUCTION

DEUXIÈME PARTIE

LA THÉORIE DES COORDINATIONS

TROISIÈME PARTIE

CONSTITUTION DES COMPLEXES : LES ISOMÉRIES

ÉVREUX, IMPRIMERIE CH. HÉRISSEY

Cours de Chimie. *Lois générales. Métalloïdes*, par M. Boll, docteur ès sciences, professeur agrégé de l'Université. Volume 13 × 21 de xvi-554 pages avec 85 figures, 2e édition. 1920 . . **33 fr.**

Cours de Chimie. *Métaux et cations*, par M. Boll, professeur agrégé de l'Université et G. Allard, licencié ès sciences mathématiques et physiques. Volume 13 × 21 de xxi-352 pages, avec 42 fig. 1922. **25 fr.**

Manuel de Chimie analytique, par F.-P. Treadwell, professeur à l'Institut polytechnique de Zurich. Préface de G. Urbain, professeur à la Faculté des sciences de Paris. Nouvelle édition, traduite, revue et refondue, par M. Boll, professeur agrégé de l'Université, docteur ès sciences.

Tome I. *Analyse qualitative.* — Volume 13 × 21 de xx-612 pages, avec 29 figures et 3 planches, 2e édition. 1920 . . . . **34 fr.**

Tome II. *Analyse quantitative.* — Volume 13 × 21 de xx-811 pages avec 125 figures et 1 planche colorimétrique. 3e édition, 1920. **40 fr.**

Traité d'analyse des substances minérales, par A. Carnot, membre de l'Institut, directeur honoraire de l'École supérieure des Mines de Paris.

Tome I. *Méthodes générales.* — Volume 16 × 25 de 992 pages, avec 357 figures, 1898. . . . . **56 fr.**

Tome II. *Métalloïdes.* — Volume 16 × 25 de 821 pages, avec 81 figures, 1904. . . . . **40 fr.**

Tome III. *Métaux* (1re partie). — Volume 16 × 25 de 903 pages avec 28 figures, 1920. . . . . . . **44 fr.**

Tome IV. *Métaux* (2e partie), révisé et augmenté d'un appendice, par E. Goutal, chef des travaux chimiques à l'École nationale supérieure des Mines. Volume 16 × 25 de 1050 pages (1922). **65 fr.**

Dictionnaire anglais-français-allemand des mots et locutions intéressant la physique et la chimie, par R. Cornubert, ingénieur-chimiste, docteur ès sciences physiques. Volume 16 × 25 de xxxii 297 pages. 1922. **42 fr.**

Memento du Chimiste (ancien *Agenda du Chimiste*). — 1re partie : Recueil de tables et de documents mathématiques, physiques et de chimie pure et appliquée à l'usage des laboratoires, publié par MM. Charon, Dugoujon, Génin, A. de Grammont, Grinier, Lombard et Matignon. Volume 13 × 21 de 386 pages. 4e tirage, revu et mis à jour, 1921 . **23 fr.**

Agenda Dunod : Chimie, par E. Javet, ingénieur-chimiste. Volume 10 × 15 de xxxv-425 pages. 41e édition, 1922. Relié. **9 fr.**

Les prix ci-dessus ne sont pas susceptibles de majoration.

ÉVREUX, IMPRIMERIE CH. HÉRISSEY

Bei Fragen zur Produktsicherheit wenden Sie sich bitte an:
If you have any questions regarding product safety, please contact:

Walter de Gruyter GmbH
Genthiner Straße 13
10785 Berlin
productsafety@degruyterbrill.com